국가직무능력표준시리즈 110

기계소프트웨어설계
유공압 제어 4
[유지보수]

고용노동부 · 한국산업인력공단

Jinhan M&B

차 례

유공압제어4[유지보수] 교재의 개요 ··· 3

단원명 1 유지 보수 ·· 5
  1-1 유압 유지보수 ·· 5
    교수방법 및 학습활동 ··· 24
    평가 ·· 25

  1-2 유압 공압 유지 보수 ··· 31
    교수방법 및 학습활동 ··· 44
    평가 ·· 45

  1-3 유압 공압 실린더의 선정 및 점검 ·· 49
    교수방법 및 학습활동 ··· 66
    평가 ·· 67

  1-4 유압 공압 시스템의 유지 보수 ··· 72
    교수방법 및 학습활동 ··· 84
    평가 ·· 85

학습 정리 ·· 96

종합 평가 ·· 98

참고자료 및 사이트 ·· 104

유공압 제어4 (유지보수) 교재 개요

능력단위 학습목표
- 유압펌프의 성질과 특성을 알고 용도에 따라 선정할 수 있다.
- 유압유의 종류와 특성을 이해하여 용도에 맞게 활용할 수 있다.
- 압축공기 분배의 종류와 특성을 알고 용도에 따라 선정 수리할 수 있다.
- 공압 실린더 고장 시 점검하여 수리할 수 있다.
- 공기 압축기의 종류와 분배 특성을 알고 문제에 따라 점검, 조치할 수 있다.
- 공압 밸브 종류와 특성을 알고 정기점검 할 수 있다.

선수학습
- 유공압과 관련된 표준을 미리 준비하고 사용할 수 있는 기반을 마련한다.
- 유공압에서 사용되는 요소들을 미리 학습한다.
- 유공압 제어에 요구되는 기구적, 환경적 요인을 검토하고 이에 대한 내용을 수집 및 정리한다.
- 유공압 장치에서 요구되는 액추에이터를 사용 목적과 용도에 따라 분류한다.

교육훈련내용 및 훈련시간

단원명	세부 단원명	교육훈련시간
4. 유지 보수하기	1-1. 유압 유지보수 1-2. 공압 유지보수 1-3. 공압 실린더의 선정 및 수리 1-4. 공압 시스템의 유지보수	

유공압 제어4 [유지보수]

능력단위의 위치

기계조립

6	조립계획수립 조립작업관리	제어프로세스분석	컴포넌트분석	사양분석
5	작업공정설계	기계시스템분석 기계시스템 제어방식 결정	기능요구사항분석 고객기술지원	개념설계
4	조립현장교육	제어프로그램구조설계 PC제어프로그램개발 PLC제어특수모듈프로그램개발	펌웨어기본설계 펌웨어신뢰성 평가	제어기구조설계 회로도작성 기계하드웨어유지관리
3	조립제품출고 전기전자장치조립 유공압장치조립 기계부품조립	센서활용기술 모터제어 PC제어프로그램테스트 HMI프로그램개발 기계시스템운용파라미터최적화	펌웨어구조설계 개발환경구축 펌웨어프로그래밍 펌웨어필드테스트	PCB설계 회로상세설계 기계하드웨어시험
2	조립도면해독 조립부품준비	유공압제어4 PLC제어기본모듈프로그램개발 PLC제어프로그램테스트	펌웨어동작테스트	기계하드웨어제작
직능수준 \ 직능유형	기계수동조립	기계소프트웨어	기계펌웨어	기계하드웨어

단원명 1 유지 보수

단원명 1 유지 보수

1-1 유압 유지보수

교육훈련 목표
- 유압펌프의 성질과 특성을 알고 용도에 따라 선정할 수 있다.
- 압력을 형성시키기 위해 작동하는 구동장치에 대해 알 수 있다.
- 유압유의 종류와 특성을 이해하여 용도에 맞게 활용할 수 있다.

필요 지식 유압 펌프, 유압 탱크에 관한 지식, 유압기기 보수유지

1-1 유압 펌프

유압 펌프는 구동 장치의 기계적 에너지를 유압 에너지로 바꿔주는 장치이다. 유압 펌프는 유압유를 탱크에서 흡입하여 유압 시스템에 공급하여 준다. 유압펌프에 의하여 토출된 유압유는 관로를 따라 유압 펌프, 실린더에 전달되고, 유압 펌프, 실린더는 이 에너지를 기계적인 에너지로 바꿔서 일을 하게 된다. 이렇게 사용된 유압유는 압력이 떨어지게 되고 배관을 통하여 탱크로 되돌아오게 된다.

다음은 유압을 형성 시켜 사용하는 기본 원리이다.
1) 압력을 가진 유체는 항상 저항이 작은 쪽으로 흐른다.
2) 펌프는 압력을 만들어 내는 것이 아니라 유체의 흐름을 형성하는 장치다.
3) 압력은 저항이 있는 곳에만 형성된다.

1-2. 유압 탱크의 기능

유압 시스템에서 기름 탱크는 유압 작동유의 저장 기능 이외에 여러 가지 역할을 한다.

1) 열의 발산

유압 시스템에서의 동력 손실은 궁극적으로 열로 변환되어 유압유를 오염시키게 되고, 이 유압유는 기름 탱크로 드레인 라인을 통해서 저장탱크로 돌아오게 된다. 유압유의 온도가 상승되면 기름의 점도가 낮아지는 등의 나쁜 영향을 미치게 되므로 유압유의 온도는 적정한 범위를 유지해야만 한다.

그러므로 작동유는 탱크의 벽을 통하여 열을 발산시키므로 충분한 크기의 용량이 필요하고 설치 장소도 잘 선정하여야 한다. 일정 온도 이상의 온도가 올라가면 냉각 장치를 설치해야 한다.

유공압 제어4 [유지보수]

2) 기름방울 제거
기름 방울은 유압 시스템에서 캐비테이션과 기름방울 폭발 효과를 발생시켜 소음과 부품 손상 및 유압유의 에이징(aging)현상을 촉진시킬 수 있기 때문에 공기는 가급적 분리시켜 제거해야만 한다. 기름 탱크에 흡입구와 복귀구 사이에 칸막이를 설치하여 기름방울 분리 효과를 증대시켜주며, 유압유가 탱크에 머무는 시간이 길면 길수록 기름방울 분리효과는 더 커진다.

3) 오염 물질의 침전
필터로 제거되지 않는 오염 물질은 시간이 지남에 따라 만들어지는 화학 생성물과 극히 미세한 오염 입자는 탱크에서 침전시켜 한 곳으로 모이게 해야 한다. 그리고 철분을 제거하기 위하여 유압 탱크 밑바닥에 강한 영구 자석을 설치하여 철가루를 침전 분리할 수 있다.

4) 응축수의 제거
외부와 기름 탱크 내부의 온도 차이로 수분이 응축되어 유압유에 섞이게 된다. 그러므로 이러한 물을 제거하기 위한 드레인 장치가 설치되어야 한다.

5) 펌프, 구동 모터 등 유압 부품의 설치 공간 제공
펌프, 모터, 밸브 등을 설치하기 위한 충분한 공간이 있어야 하고 안전하게 설치되어야 한다.

6) 펌프의 토출량
최대 허용 유압유의 온도와 작업 시 발생되는 열 유압유가 액추에이터에 공급될 때와 공급되지 않을 때의 최대 체적 차이 유압 시스템의 적용 장소(이동식 또는 고정식 유압 장치) 유압유의 순환 시간탱크의 크기는 열의 발산, 공기의 분리를 위해서는 크면 클수록 좋지만 설치 장소, 유압유의 비용, 이동성 등에 따라 많은 제약을 받는다. 이론적으로는 유압 시스템내의 모든 유압유가 탱크 안에 모이더라도 넘쳐흐르지 않을 정도의 충분한 크기여야 하지만, 실제로는 유압유가 시스템 내에 모두 차 있는 상태에서 고정식 유압 장치인 경우에는 분당 펌프 토출량의 3~5배의 유압유를 저장할 수 있는 정도의 크기로 하고, 이동식 유압 장치인 경우에는 분당 펌프 토출량의 1배 정도의 크기로 하며, 여기에 10~15%정도의 여유를 준다.

탱크의 모양은 열의 대류와 발산을 위해서는 바닥 면적이 좁고 높이가 큰 형태가 바람직하지만 공기의 분리 효과 및 펌프와 모터의 설치 공간 확보 면에서는 바닥 면적이 큰 형태가 바람직하다. 따라서 어느 형태가 더 좋다고 할 수 는 없지만 이동식 유압 장치에서는 높이가 큰 형태를 취하고, 고정식 유압 장치에서는 바닥 면적이 어느 정도 큰 형태를 취한다.

7) 흡입관 및 복귀관
유압유의 효과적인 순환을 위해 흡, 복귀관은 가급적 멀리 떨어져 있어야 한다. 두 관 모두 유면 밑에 위치해야하나 관 끝이 바닥으로부터 관경의 2~3배 이상 떨어지게 설치해야 한다.

관 끝을 약 45° 정도로 절취하여 최대 단면적을 확보하게 하고 두 단면은 반대편을 향하도록 한다.

8) 탱크의 크기 및 구조

앞에서 살펴본 기능을 만족시키기 위하여 저장 탱크를 설계할 때에는 그림 1-1과 같은 구조를 고려해야만 한다.

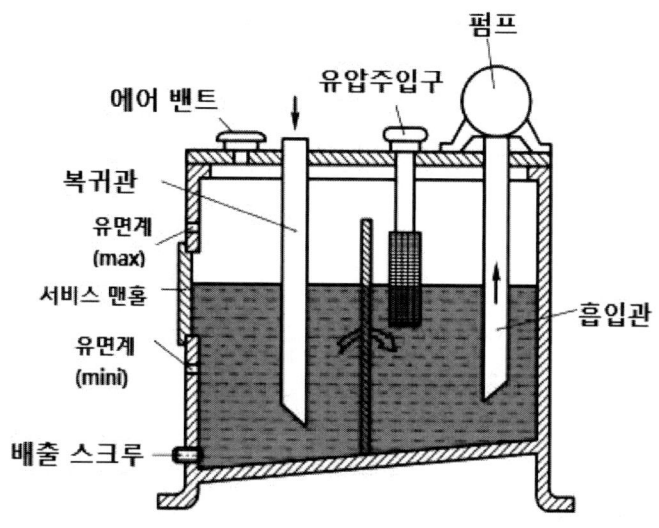

[그림 1-1] 유압탱크 구조

9) 판막

흡입부와 복귀부를 분리시켜서 유압유의 체류시간을 연장시켜 줌으로써 공기와 이물질의 분리가 효율적으로 이루어지도록 한다. 이 판막을 분리판(baffle plate) 또는 공기 분리기(air separator)라고도 하며, 보통 0.5mm의 메시 스크린(mesh screen)으로 되어 있다.

10) 유면계

유압 시스템의 운전 중에도 유면의 높이를 직접 확인할 수 있어야 한다. 유면은 항상 최대 유량치 와 최저 유량치 사이에 있어야 한다.

1-3 유압유 역할 및 관리

1) 유압유

유압 시스템에서 유압유는 동력을 전달하는 아주 중요한 역할을 한다. 원칙적으로 모든 유체는 압력 에너지를 전달할 수 있다. 그러나 유압 시스템에서 유압유로 사용되기 위해서는 에너지의 전달뿐만 아니라 여러 가지 부수적인 조건을 만족시켜야만 한다. 만약 유압유로 물

유공압 제어4 [유지보수]

을 사용한다고 하면 부식, 비등, 결빙, 낮은 점도로 인한 누설 등의 많은 문제를 야기하게 된다. 그러므로 유압유로는 유압 시스템에서 요구하는 대부분의 조건을 만족시키는 광물성유(mineral 오일)가 보편적으로 사용되고 있다. 그리고 높은 내화성이 요구되는 광산장비, 발전소 터빈의 제어 유닛, 제강 기계 등에는 광물성유 대신에 수분이 함유된 유압유나 인화점이 높은 합성유가 사용되기도 한다.

2) 유압유의 역할

유압유는 유압 시스템에서 동력을 전달하는 매체로서만이 아닌 기기의 마찰부분에서의 윤활 작용, 방청 작용 등의 중요한 역할을 한다. 유압유가 하는 중요한 기능 및 역할에는 다음과 같은 것이 있다.
- 압력 에너지의 이송
- 마찰 부분의 윤활
- 부식의 방지
- 열에너지의 분산 및 냉각
- 마모 입자의 제거
- 신호의 전달
- 이상 압력의 감소

3) 유압유의 필요조건

유압 시스템을 경제적으로 적절하게 운전하려면 적정한 유압유를 선택하여 사용하여야 한다. 가격이 싸고 구입이 용이하다는 이유로 유압유에 요구되는 성질을 구비하지 못한 기름을 사용하게 되면 시스템의 효율이 저하되거나, 기계의 수명을 단축시키는 결과가 초래될 수 도 있기 때문에 피하는 것이 좋다. 유압유의 물리적 성질로는 비중, 비열, 점도, 압축성, 인화점, 잔류 탄소, 유동점, 공기 분리 압력 및 색 등이 있으며, 화학적 성질로는 점도의 온도 의존성, 산화 안정성, 방청성 등이 있다. 유압유는 사용하는 과정에서 압력, 온도, 속도 등에 의한 영향을 받아서 유압유의 성질이 열화 되므로 유압유의 선택에는 충분한 주의를 하여야 한다.

유압유에 요구되는 조건을 간추리면 다음과 같다.
- 온도 변화에 대한 점도 변화가 작을 것 (점도 지수가 높을 것).
- 베어링과 실 재질에 대하여 충분한 윤활성이 있을 것.
- 오랫동안 사용하여도 물리나 화학적으로 안정성이 클 것.
- 끼워 맞춤이나 틈새에서 누유가 발생되지 않을 정도의 적절한 점도를 가질 것.
- 유압 시스템의 구성 요소에 대하여 적합성이 양호할 것.
- 수명이 길 것.
- 체적 탄성 계수가 클 것.
- 공기 흡수도나 용해도(solubility)가 작을 것.

- 열팽창 계수가 작을 것.
- 비열이 크고 비중이 작을 것.
- 거품이 적게 일 것.
- 인화점이 높을 것.
- 열전도율이 높을 것.
- 비등점이 높을 것.
- 비열이 크고 비중이 작을 것.
- 액체 및 기체 상태에서 독성이 적을 것.
- 수분을 쉽게 분리시킬 수 있을 것.
- 공기를 쉽게 분리시킬 수 있을 것.
- 냄새가 없고 투명도가 높고 독특한 색을 가질 것.

4) 유압유의 교환
가) 유압유의 수명

유압유의 수명은 사용 조건에 따라서 달라지기 때문에 유압유의 수명을 정확히 예측하는 것은 사실상 불가능하기 때문에 일반적으로 경험 치에 따라 유압유의 교환 주기를 결정한다. 일반적으로 사용온도, 사용압력의 크기, 작업장의 환경, 유압유의 품질 및 사용목적에 따라 수명 시간이 크게 달라지지만 보통 5,000hour(70℃)~20,000hour(60℃) 시간 정도 사용하면 그 성상이 변화하여 정상적인 운전이 곤란하므로 교체해 주어야 한다. 그러나 미리 결정한 교환 주기 전이라고 하여도 정기적으로 작동유를 검사하여 이물질이나 슬러지 등이 생기고 점도의 변화가 있으면 사용 기간에 관계없이 교환해 주는 것이 바람직하다. 표1-1은 일반적으로 많이 사용되는 유압유의 간이 판정법이다.

<표 1-1> 유압유 간이 판정법

외관	냄새	상태	대책
투명하고 색의변화가 없다	양호	양호	그대로사용
투명하나 색이 엷어 졌다	양호	다른 종류의 기름이 혼입	점도를 검사하여 양호하면 사용 가능
투명하나 작은 흑점이 있다.	양호	이물질이 있다.	여과하고 나서 사용
유백색으로 변화하고 있다	양호	수분이 혼입됨	수분을 제거한다.
흑갈색으로 변화하고 있다.	악취	산화열화 되어 있다	유압유 교환

나) 플러싱

새로운 유압 시스템을 처음 운전할 때 회로 속의 이물질을 제거하기 위하여 행하는 작업과 오래 사용한 장치내의 슬러지 및 찌꺼기를 제거하기 위한 작업을 플러싱(flushing)이라 한다. 플러싱 유는 녹 방지제와 슬러지의 용해제가 첨가되어 있는 전용 기름을 사용하는 것이 바람직하나 같은 계열의 유압유 중에서 점도가 낮은 유압유를 온도를 높여서 사용해도 된다. 이 경우에도 슬러지를 용해하는 용제를 첨가하는 것이 좋다. 석유계 유압유인 경우 플러싱은 다음과 같이 한다.
- 오염된 유압유를 제거하고 탱크나 청소가 가능한 곳은 청소한다.
- 플러싱 유를 펌프가 공회전 하지 않을 만큼만 채운다.
- 펌프의 작동을 확인하면서 펌프를 수회 걸쳐 on/off 시킨다.
- 펌프를 무부하 상태로 30~60분간 운전한 후 15분간 정지하는 과정을 3~4회 반복한다. 운전시간은 플러싱용 필터를 조밀한 것을 사용할수록 단축된다. 플러싱용 필터로는 3~5㎛의 필터가 주로 사용된다.
- 마지막으로 플러싱유를 제거한다.

1-4 유압실린더

유압 실린더는 유압 에너지를 기계적 에너지로 변환시켜 선형 운동을 하는 요소로써 압력과 유량을 제어하여 낼 수 있는 힘과 속도를 쉽게 무단으로 조절할 수 있는 장점이 있다. 유압 실린더는 단동 실린더(single acting 실린더)와 복동 실린더(double acting 실린더)의 두 가지가 있다.

1) 단동 실린더

단동 실린더는 한 쪽 방향의 운동만 유압 에너지를 이용하여 하고 반대편의 운동은 외력이나 내장된 스프링에 의하여 일어나는 실린더이다.

단동 실린더는 유압유가 한 쪽 방향으로만 작용하므로 유압유가 공급되는 한 쪽으로만 일을 할 수 있다. 유압유에 의하지 않는 반대 방향의 운동은 내장된 스프링이나 외력에 의하여 일어나게 된다.

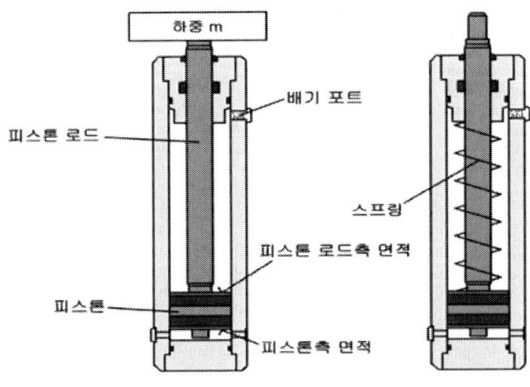

[그림 1-2] 유압 단동실린더 구조

그림1-3은 단동 실린더를 제어하는 간단한 회로도이다. 3/2 방향제어 밸브를 작동시키면, 유압유가 피스톤 쪽으로 공급되어 실린더는 전진운동을 하게 된다. 이때 물론 유압 시스템의

압력은 실린더에 작용하는 부하와 배관 저항의 합보다는 커야만 한다.

3/2 방향제어 밸브를 원 위치시키면 피스톤 쪽에 공급되었던 유압유가 탱크로 복귀될 수 있어 외력이나 내장된 스프링에 의하여 후진 운동이 가능하게 된다.

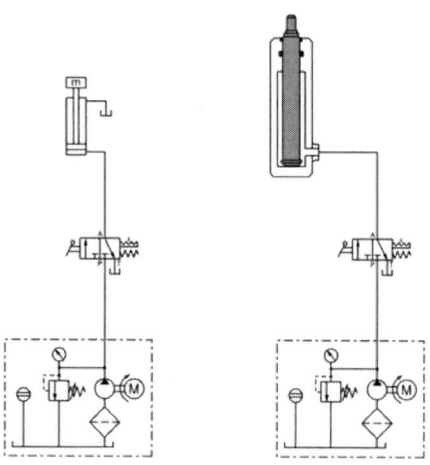

[그림 1-3] 단동실린더 제어

단동 실린더는 덤프 트럭 적재함의 리프팅(lifting)작업, 공작물의 클램핑(clamping) 작업 등과 같이 유압 동력이 한 쪽 방향으로만 필요한 경우에 이용된다. 실린더의 후진 운동이 외력에 의하여 이루어 질 때는 단동 실린더는 일반적으로 수직 방향으로 설치되고, 수평으로 설치될 경우에는 스프링에 의하여 복귀되든지 후진 운동을 위한 작은 보조 실린더인 풀백(pull back) 실린더에 의하여 일어나는 경우도 있다.

플런저(plunger) 실린더는 램 형(ram type) 실린더라고도 한다. 이 실린더는 아주 큰 단면적을 가진 피스톤 로드가 피스톤의 역할까지 하는 실린더로써 구조가 단순하고 튼튼한 구조를 가지고 있다. 플런저 실린더는 긴 행정 거리를 요하는 유압 엘리베이터나 덤프 트럭과 같은 곳에서 이용되고 있다.

텔레스코프 실린더는 하나의 실린더 내부에 또 하나의 실린더가 내장되어 있는 실린더로 실린더가 순차적으로 움직여서 아주 긴 행정 거리를 낼 수 가 있다. 텔레스코프 실린더는 기본 치수에 비해 아주 긴 행정 거리가 요구되는 곳에서 이용된다.

2) 복동 실린더

복동 실린더는 전. 후진 운동이 모두 유압 에너지를 이용하여 일어나는 실린더로 산업 현장에서 일반적으로 이용하는 실린더이다. 복동 실린더는 전진 운동과 후진 운동을 모두 유압유의 동력을 이용하여 하기 때문에 양쪽 방향의 운동 시에 모두 일을 할 수 있어 사용상의 제한을 받지 않게 된다.

유공압 제어4 [유지보수]

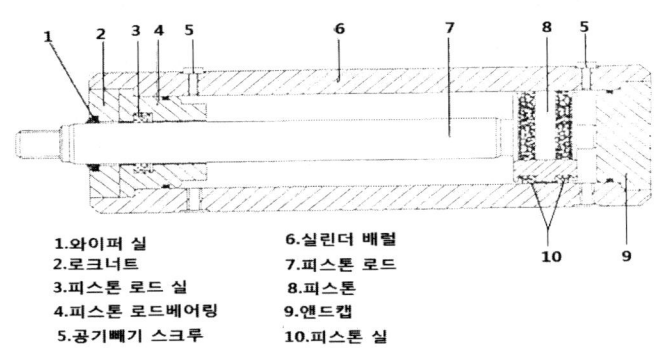

1. 와이퍼 실
2. 로크너트
3. 피스톤 로드 실
4. 피스톤 로드베어링
5. 공기빼기 스크루
6. 실린더 배럴
7. 피스톤 로드
8. 피스톤
9. 앤드캡
10. 피스톤 실

[그림 1-4] 복동 실린더의 구조

 다음은 복동 실린더의 전. 후진 운동이 일어나는 원리를 보여주는 그림1-5이다. 피스톤 쪽에 유압유를 공급하면서 피스톤 로드쪽의 유압유를 빼내면 실린더는 전진 운동을 하게 되고, 반대로 피스톤 로드 쪽에 유압유를 공급하면서 피스톤 쪽의 유압유를 제거하면 실린더가 후진 운동을 한다.

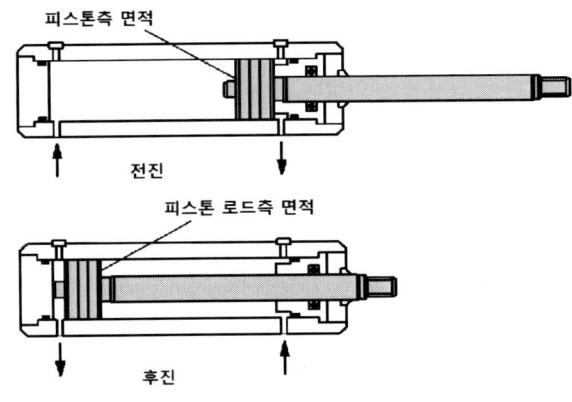

[그림 1-5] 실린더 전.후진 운동

1-5 유압기기 보수 관리 및 점검 요령

 기계 장치를 사용함에 있어 조그마한 고장으로 운전과 조작성에 영향을 주며 고장의 원인 조사 및 수리에 많은 시간을 소비하고 있으므로 기계의 사용 작업자가 항상 기계의 상태에 관심을 가지고 보수점검을 함으로써 고장을 사전에 예방하는 것에 그 목적이 있다.
 특히, 유압장치의 고장은 작동유, 패킹, 기계적 또는 유압적인 진동에 기인하는 일이 많으며 그 외에 사용점도, 사용조건, 주변 환경에도 영향을 받으며 게다가 점검관리의 소홀함, 부주의 같은 단순한 요인도 많이 있다. 이러한 것들은 점검관리를 확실히 시행함으로써 방지할 수 있으며 복잡한 고장도 정기적 점검에 의해 조기발견이 가능하다.
 유압장치의 운전 작동에 고도의 신뢰성과 긴 수명을 보존하기 위해서는 충분한 보수관리가 필요하다. 예를 들면 표 1-2과 같다.

<표 1-2> 유압장치 문제점 및 대책

문제점	대 책
1) 오래 사용한 그리스(Grease)속에는 모래와 금속 먼지가 포함되어 있다	교환하여 준다
2) 유압유를 흘리지 않도록 해준다	기름이 제어 시스템에 침투하면 절연불량이 되어 재 하강 등 오동작 할 경우가 있다. 흘린 기름은 바로 닦아준다.
3) 유압유의 교환 및 필터의 청소를 했으면, 내부의 이물질에 주의하여 준다.	많은 금속가루 등 기타 이물질이 있는 경우, 해당 업체에 연락한다.
4) 기계를 깨끗하게 간수하면, 이상의 발견이 용이하게 됩니다. 특히 그리스, 펌프, 브리더(Air breather), 주유구 등을 깨끗하게 보존하여 이물질이 침입하지 않도록 해준다.	
5) 점검 시 몸을 굽히면, 포켓 속의 것이 장치 내에 낙하하게 됩니다. 낙하할 수 있는 물건을 포켓에 넣지 않고 혹은 포켓의 단추를 잠그는 등의 주의를 기울여야한다.	

(1) 점검관리의 주요 포인트
- 정도 조정

기계 설치의 불량, 기초의 부적당, 게다가 지반의 진동에 의해 기계 가동 중에 정도가 범위 내에서 벗어나는 일이 있습니다. 이러한 정도 불량은 제품의 정도저하, 습동부의 마모를 촉진시켜 기계부품에 무리가 생기므로 기계 자체의 수명을 단축시키는 원인이 되므로 최소한 6개월마다 정도검사를 실시하여 정도를 수정해 준다.

- 볼트, 너트류의 체결 상태

볼트, 너트류와 배관계수는 기계 설치 시에는 확실히 체결되어 있으나 기계가동중의 진동 등으로 기인하여 서서히 이완되는 일이 있으므로 그대로 방치하여 두면 기계정도의 저하 또는 기계부품의 마모의 원인이 되며, 배관계수의 이완은 누유, 작동불량 및 화재의 원인이 되기도 합니다. 그러므로 볼트, 너트 및 배관계수는 표 1-3 과 같은 주기로 체결 상태를 확인해 준다.

<표 1-3> 유압기기 점검 주기

차수	상태 확인주기	방 법
1차	기계작동 개시후	일주일 경과후 1차 확인
2차	그 후 일 년간	매 달
3차	그 이후	적절히 시행

유공압 제어4 [유지보수]

- 누유

  유압 배관으로부터의 누유는 작동유의 손실, 기계 작동 불량, 화재발생 등의 원인이 되므로 항상 점검하여 누유 발생 시에는 신속히 보수해 준다. 대부분의 경우 누유의 원인은 오링(O-ring)의 마모에 기인하는 일이 많으므로 예비품을 상시 준비 해준다.

- 흡입 필터

  흡입 필터는 수시로 점검하여 필터 상태를 확인해 준다. 주 1회 본기에 장착된 필터는 눈 막힘 정도를 표시하는 게이지가 부착되어 있으며 적색이면 눈 막힘으로 작동유의 단절 상태이므로 흡입 필터의 스톱(Stop) 밸브를 잠근 뒤 청소해 준다.

- 청소

  기계부품에 이물이 혼입되면 습동면에 손상을 입히는 원인이 되므로 습동면은 특히 유의하여 청결 상태를 유지해 준다. 또한 그 이외의 개소에도 매달 한 번씩 청소작업을 시행해 준다.

- 방청

  기계 부품에 녹이 생기면 손상 및 작동 불량의 원인이 되며 방청이 계속 진행되면 기계의 강도에까지 영향을 주어 수명을 단축시키게 되므로 항상 유의해 준다.

(2) 전기 안전 부품의 정기 교환

<표 1-4> 유압기기 교환 시 주의점

주의 : 전기 감전에 의해 사망사고로 연결될 수 있다.	
교환 시 유의 할 점	1) 보수 점검을 행할 경우에는, 공장 측의 전원 및 주 회로를 끊고, 표지판을 사용하여 기타 작업자에 점검 작업 중인 것을 알리는 경고판을 걸어 준다.
	2) 교환은 반드시 전기공사의 유자격자가 행 하는가 확인해 준다.
	3) 젖은 손과 젖은 장소에서 서서 전기부품을 만지지 않도록 해준다.
	4) 제어회로를 개조하지 말아 준다. 모터의 회전 방향이 바뀌어 질 수 있다.
	5) 전기 안전부품은, 기준수명에 달하면, 정상적으로 작동하더라도 반드시 교환해 준다. 점검에 의해 부품의 상태를 판단하는 것은 곤란합니다. 안전부품은 정기적으로 교환할 필요가 있습니다. 그러나 이러한 부품이 정기 교환 전에 이상하게 된 경우에는, 즉시 수리, 교환을 행해야 합니다. 부품교환 후에는 시운전을 하여, 이상이 없는 것을 확인하고 운전하도록 해준다.

아래의 표 1-5는 수명작동 회수는 대략 값을 나타내며, 보증치는 아니다. 사용빈도, 환경 등에 의해 다르기 때문에 빨리 교환하여 준다.

※교환은 반드시 전기공사의 유자격자가 행하는지 해당 회사에 연락하여 준다.

<표 1-5> 기기 수명 작동 횟수

No.	안전 부품	용도	수명 작동회수 추천 교환간격	기타
1	릴레이	하강제어 회로	3년	
2	모드절환 스위치	조작반	3년	
3	기동 비상정지 버턴	조작반	3년	
4	솔레노이드 밸브	마찰부문 조작	3년	
5	안전밸브	유압 안전 밸브	5년	
6	오일 링	실린더	3년	
7	패킹	실린더	3년	
8	광선식 안전장치	작업점 방호	5년	

(3) 유압기기 정기점검 및 이설
 - 정기 점검 정비표

<표 1-6> 유압기기 정기 점검표

점검 순서	점검 항목
작업 시작 전 점검사항	1) 정리, 정돈, 청소 2) 유량 점검 3) 유온 점검 4) 유압력 점검 5) 금형 취부 장치 6) 제어회로: 재기동 방지회로, 비상정지 회로 7) 안전망 8) 오일의 누설 9) 광선식 안전장치
1개월 주기의 점검 정비	1) 흡입 필터의 눈 막힘 (Indicator에 의해)의 점검 2) 공기 브리더(Breather)의 점검 3) 수동 펌프의 그리스 충진 4) 작동부 부착 벨트의 점검
6 개월 주기 혹은 1500 시간 주기의 점검 정비	1) 상하 조절 리밋 스위치의 점검 2) 고무 호스의 꼬임, 팽창, 흠을 점검 3) 광선식 안전장치 (일광축씩 차광)
1년 혹은 3000시간 주기의 점검 정비	1) 작동유의 점검, 교환 2) 체인 커플링의 그리스 점검, 교환 3) 오일 쿨러의 점검 4) 급정지 시간, 관성 하강치의 측정
3년 주기의 점검정비 (주문에 의해 당사가 실시한 오버홀)	1) 유압기기 정도 2) 유압기기의 분해 3) 유압기기 기능 4) 절연 Test

유공압 제어4 [유지보수]

- 유압기기 세부 요소별 점검

최초는 1개월, 그 후는 6개월 주기로 점검, 청소하여 준다.

<표 1-7> 유압기기 세부요소별 점검 항목

점검 항목	세부내용 및 작업순서
눈막힘 표시기 점검	• 작업자가 기계 내에서 작업 중인 것을, 다른 사람에게 알리기 위하여 조작반에 경고판을 걸어 준다. 필요하면 기계 주변에도 걸어 준다. • 오일을 흘리지 않도록 해준다. 오일이 콘트롤 시스템에 침입하면 절연불량이 되기 때문에 재하강등 오작동 할 위험이 있습니다. • 흡입필터가 눈 막힘 상태로 유압기기를 운전하면, 펌프를 손상시킵니다. 1) 모드 절환 스위치를 Off로 하고, 스위치의 키를 자신이 가지고 있도록 해준다. 2) 펌프 기동 버튼을 눌러 준다. 3) 비상정지 버튼을 눌러 준다. 4) 흡입필터의 표시기가 보이는 곳까지 이동하여 준다. 5) 필터 청소시에는 지시기에 녹색이 보입니다. 6) 필터의 눈막힘이 진행됨에 따라, 적색이 신호가 나옵니다. 또한 유온이 낮은 경우 및 대용량의 운전에도 같은 현상이 있다. 7) 필터가 눈막힘 상태가 되면, 완전히 적색의 표시된다. 8) 필터의 청소 혹은 교환 후는 리셋을 한 후, 펌프의 운전을 개시하여 준다.
흡입필터의 청소	• 금속 가루가 비산하는 작업 및 압축공기로 청소를 하는 경우는, 반드시 안전모, 보안경, 안전 가죽장갑 등 방호구를 착용하여 준다. 1) 흡입필터에 손이 도달하는 곳까지 이동합니다. 2) 배출 커버를 풀어 기계내의 오일을 오일 팬으로 빼내어 준다. 3) 두껑을 흡입필터에서 해체하여 준다. 4) 필터를 케이스에서 떼어냅니다. 5) 필터를 씻는 기름 속에 흔들어 씻던가, 부드러운 부러쉬 등으로 오염물을 제거하여 준다. 6) 씻는 오일을 필터의 내측으로부터 공기와 함께 분사하여 작은 막힘도 불어 날려준다. 7) 조립이 끝났으면, 오일 탱크 및 흡입필터 사이의 오일정지 밸브를 꼭 열어 두십시오. 8) 펌프 기동은, 수동 동작으로 행하여, 관로 내의 에어가 없어질 때까지 무부하로 운전을 실시하여 준다.
에어 브리더	• 최초 1개월, 그 후 6개월 주기로 점검 청소하여 준다. 에어 브리더는, 유압 유니트의 오일 탱크에 있습니다. 1) 에어 브리더에 손이 닿는 곳으로 이동합니다. 2) 나비 볼트를 풀어서, 보호대를 떼어내어 준다. 3) 부품 요소들을 꺼내어, 내측으로부터 압축공기로 불거나 솔 등의 오염물을 떨어 뜨려 준다.
작동유의 점검, 교환	탱크 상부 및 저부의 오일을 빼고, 제각각 투명한 용기에 넣어 수분, 침전물 등을 점검한다. 또, 전문업자에 맡겨 오염도 등을 점검하여 사용상의 양부의 판정을 행하여 준다.

오일의 배출	1) 빈 통을 준비하여 준다. 2) 유압기기가 최상한에 있는 것을 확인하여 준다. 3) 오일 탱크의 작동유의 배수밸브에 호스를 연결하여, 호스를 큰 통에 넣어준다. 4) 작동유용 배수 밸브를 열어 준다. 5) 오일의 배출완료 후 배수 밸브를 닫아 준다.
오일의 공급	1) 에어 브리더를 떼어 준다. 2) 유량 게이지의 상한 표시까지 오일을 공급하여 준다. 3) 에어 브리더를 부착하여 준다. 4) 펌프 기동은 수동 동작으로 행하고, 관로 내의 공기가 빠질 때까지 무부하로 운전을 실시하여 준다.
체인 커플링의 그리스 교환	펌프의 체인 커플링위치를 찾는다. 1) 체인 커플링의 안전 커버를 떼어내어 준다. 2) 체인 커플링의 박스를 떼어내어 준다. 3) 커플링 박스를 오일로 씻고, 오래된 그리스를 제거해준다. 4) 새로운 그리스를 크플링 통에 충진하여 준다. 5) 커플링 박스, 보호커버를 부착하여 준다.
오일 쿨러의 점검	최초에는 1년 주기로 행하여 준다. 그 사이에 냉각성능의 저하, 이끼부착, 배수꼭지의 소모 등의 상황에 따라서 각 점검 청소를 2년 주기로 연장하거나 6개월 주기로 단축하여 준다. 1) 새로운 가스켓을 준비하여 준다. 2) 물 온/오프 밸브를 닫아 준다. 3) 물 배수 밸브를 풀고, 기계 내의 물을 배수관으로 빼내 준다. 4) 한쪽의 수실 두껑을 분해하여 준다. 5) 분해한 수실의 내측의 수태를 부드러운 부러쉬 등으로 떨어내 준다. 6) 관내 또한 부드러운 부러쉬 등으로 수태를 벗겨 준다. 이때 관내의 물을 흘려준다. 7) 조립이 끝났으면 배관 밸브를 닫아서 기기에 누설이 없는가 확인하여 준다.
3년 주기의 점검 정비	분해 점검 개소 : 유압 실린더, Relief Valve, 간접 체크 밸브, 유압 배관 부품은 모두 신품으로 교환할 것. | 파손, 마모 부품 | 신품으로 교환 요소 | |---|---| | 유압 실린더 | 원형 링, 패킹 | | 밸브 취부면 | 원형 링 | | 배관 플랜지 | 원형 링 | | 유압 배관 | 고무호스 |

유공압 제어4 [유지보수]

- 오일 유닛부 점검시기 및 요령

<표 1-8> 오일 유닛부 점검시기 및 요령

NO	점검 개소	점검항목	점검주기○					점검방법	보수요령
			매일	매주	매월	3개월	6개월		
1	유압펌프	이상음	○					청각	눈막힘, 공기혼입 이상 마모 확인
		케이싱 온도		○				촉각(온도계)	이상마모 확인
		누 유			○			시각	
		취부상태			○			시각, 스패너	충분히 체결
		토출량			○			속도측정	
		토출압력			○			소음, 탱크내 기포	
		공기혼입			○			청각(소음계)	
		소 음				○		분해하여 패킹 구동축, 베어링 습동부 확인	
		습동부 마모					○	표면조도, 흡집, 부식상태 확인	사용온도 확인 흡입저항 확인
		습동부 흠,부식					○	변색 및 오염 유무 확인	조립시 그리스 도포
		변색, 오염					○		
2	커플링	중심축 맞추기			○			수동으로 회전시켜 확인	
		마모상태					○	마모	
3	흡입필터	눈막힘		○				지시계 확인	Element 세정 조립시 절손 및 접속부 유의
		케이스 내부 점검					○	시각	기름 제거하여 내부 세척후 녹, 오염물등 제거
4	실린더	공기 혼입	○					공기 배출구로써 확인	
		취부상태			○			시각	충분히 체결
		속도			○			시간 계측기	조정
		진동		○				시각, 촉각	조절나사 조정
		누유			○			시각	많을 때 분해 후 패킹 교환
		패킹 마모					○	시각	패킹 교환

단원명 1 유지 보수

번호	구성요소	점검항목				점검방법	비고
5	오일탱크	온도	O			온도계	
		유량	O			유면계	유량부족시: 누유확인 유량증가시: 수분혼입 확인
		누유		O		시각	
		누유내부오염상태			O	시각	주로 오일탱크 상면에 많이 발생
6	작동유	오염도			O	샘플 채취	작동유 교환
		열화			O	샘플 채취	작동유 교환
7	릴리프밸브	이상음	O			청각, 압력계 바늘, 유속음	시트부 손상, 스프링 변형, 원형 링 확인
		설정치		O		압력계	밸브 전반부 점검
		잠금장치		O		시각	시각
		홈, 마모, 표면조도 녹발생, 이물 혼입			O	분해 후 시각 확인	
		습동부 간극			O	손으로 작동시켜 확인	
		누유	O			접속부 시각 확인	
8	유량제어 밸브	누유	O			접속부 시각 확인	
		설정치		O		실린더 속도	조정
		부식, 마모오염상태원형 링 변형			O	분해 후 시각 확인(사용빈도 많은 것)	
9	Solenoid Valve	이상음		O		절환시 청각 확인	
		온 도		O		실온 +30℃이면 정상	
		누 유		O		접속부 시각 확인	
		진 동			O	촉각 확인	
		동작절환			O	실린더 절환상태	
		절연저항			O	저항 Test 기	
		내부누유			O	중립에서의 누유	
		마모, 변형 Spring 절손오염상태			O	분해후 시각 확인 (사용빈도 많은것)	
10	Check Valve	Seat 접촉 상태, 홈 부식상태			O	분해후 시각 확인(사용빈도 많은 것)	
11	온도계	작동정도			O	다른 온도계로 측정	
12	압력계	침진동		O		시각	
13	Cooler	냉각능력			O	촉각 또는 입출 온도 측정	분해후 세정
		오염, 부식, 마모			O		
14	Hose류	홈 집			O	시각 확인	교 체

19

유공압 제어4 [유지보수]

15	배 관	접속부 누유	○		시각 확인	
		진 동	○		시각 촉각 확인	
		취부상태	○		시각 촉각 확인	
		내부 부식상태		○	시각 확인	
16	기 타	전기계통의 절연저항		○	저항 Test 기	
		전원전압 측정		○	전압측정기	

- 유압기기 신 . 구 장치의 유의점

<표 1-9> 유압기기 신·구 장치의 유의점

항 목	유의할 점
신 장치	신 장치의 경우 최초의 가동 6개월은 고른 운전을 한다는 생각을 가지고 다음 점에 특히 유의하여야 한다. 1) 펌프의 기동 2) 펌프의 이상음 3) 온도의 변화, 압력변동 4) 필터의 눈막힘 5) 작동유의 열화 및 오염 6) 실린더의 작동
구 장치	구 장치의 경우는 특히 기기와 배관 등 수명에 따른 고장에 특히 유의해야 한다 1) 내부의 녹 발생 2) 기기 수명의 추정 판단 3) 소모품(호스, 패킹 등등)의 수명이 짧은 것의 점검 4) 취부 볼트의 느슨함 5) 기기 연결부의 누유 6) 전기기의 오염 상태 7) 전체의 진동

- 유압기기 설치 및 이설

<표 1-10> 유압기기 설치 및 이설

| 설치 및 이설작업 | 가) 기계의 설치를 행하는 경우에는, 반드시 제조회사의 지시에 기준하여 작업 등을 행한다.
나) 안전(전도방지)을 위해, 기계중량에 충분히 견딜 수 있는 운반용 기구를 사용한다.
다) 기계의 이설을 행하는 경우에는, 반드시 제조회사에 연락을 하고, 지시에 기초하여 작업을 행한다. |

단원명 1 유지 보수

오일 주입	가) 오일을 흘리지 않도록 해 준다. 오일이 콘트롤 시스템에 침입하면 절연불량이 되어 재하강등 오작동 할 경우가 있습니다. 흘린 오일은 빨리 닦아 준다. 나) 다른 종류의 오일을 혼합하지 말아 준다. 현재 사용 중인 오일과 다른 오일을 사용하는 경우에는, 추가하지 않고 전부 교환하여 준다. 다) 오일 및 필터를 교환할 때, 내부의 이물질에 주의하여 준다. 만일, 많은 양의 금속가루 등의 기타 이 물질이 있는 경우, 전문가에 자문을 구하세요. ① 오일 탱크 : 탱크 상면의 주유구 두껑을 떼어내어 사양명판에 표시된 유량을 주입하여 준다. ② 윤활 유니트 : 펌프 유니트 주유구로부터 탱크의 상한까지 주입하여 준다. ③ 펌프 유니트 : 펌프 유니트 주유구로부터 탱크의 상한까지 주입하여 준다.
압축공기 접속	가) 기계의 압축공기 공급구에, 공장 에어 배관에 접속하여 준다. 유니터 내에 필터를 통해 건조하고, 청결한 공기가 공급되는지 확인해 준다. 수분이 빨리 고이면 공장 압축공기 라인에 자동 배수 필터를 부착하는 등 개선을 해준다. 나) 압축공기의 일차측 공급압력은 0.5Mpa (5Kgf/㎠)으로 설정하여 준다.
전원의 설치 및 접속	가) 기계와 접속하는 공장 측의 주전원을 끊은 후, 전원을 접속하거나 떼어내어 준다. 나) 감전과 Noise 방지를 위해서, Earth Line을 제어반 내의 Earth 단자에 접속하여, 반드시 접지하여 준다. 다) 어떠한 경우에도 제어반 내의 배선을 변경하지 말아 준다. ① 조작반의 조작전원" 스위치를 Off, 제어반의 주전원 Brake를 Off로 해준다. ② 공급전원을 주전원" Brake의 일차 측에 결선하여 준다. 전선의 두께에 관해서는 제작 사양서에 기재되어 있는 전압과 전원용량(구입처에서 사양 이외의 설비를 추가한 경우에는, 그 부하 용량분을 더하여 준다.)에 의해 결정해 준다. ③ 감전과 Noise 방지를 위해, Earth Line을 제어반 내의 Earth 단자에 접속하여, 반드시 접지하여 준다.
펌프의 회전방향 확인	1) 주전원 차단기를 On으로 한 후, 조작전원 스위치를 On으로 한다. 2) 모드 절환 스위치를 Off로 하여 준다. 3) 펌프의 회전방향을 확인합니다.(2인 동시 작업) A씨 : 펌프 기동스위치을 누르고, 곧 펌프 정지스위치를 누른다. B씨 : 동시에 펌프의 회전방향을 눈으로 확인한다. ☞ 만일, 펌프의 회전방향이 잘못된 경우 * 공사는 반드시, 전기 공사의 유자격자가 행하여 준다. 4) 공장 측의 전원 차단기를 Off로 하여 준다.

유공압 제어4 [유지보수]

	5) 조작전원" 스위치를 Off로 하고 주전원 차단기를 Off로 하여 준다. 6) 제어반의 문를 열고, 주전원" 차단기의 일차측 배선(2줄)을 바꾸어 준다. 7) 제어반의 문를 닫는다. 8) 만일 한번 더 1) ~ 3)의 조작을 하여, 펌프의 회전방향을 확인 한다.
설치 후의 확인 사항	1) 기계고장을 발견하여 사고를 방지하기 위해, 작업 개시 전에 점검을 실시하여 준다. 2) 운전을 개시하기 전에, 기계의 주변에 다른 작업자와 장애물이 없는지를 확인하여 준다. 3) 움직이는 부분의 상면에 공구 및 부품을 올려놓지 말아 준다. 작업자의 방향으로 날아들 위험이 있습니다. 4) 금속조각등 기타 이물질이 비산할 수 있는 작업의 경우에는, 주변에 안전 지지대를 설치 할 것.

- 작업 개시 전의 점검 이외에는, 표 1-11 내용의 체크를 실시하여 준다.

<표 1-11> 최종 점검 항목

1) 주위 온도는 적당한가. (5℃ ~ 40℃)	
2) 각부 장치의 유량은 적절한가?	①유압기기 작동유 탱크 ②기기 윤활급유 펌프 유니트 ③유압 펌프 유니트 ④보조 펌프
3) 동력선 및 접지선의 배선 사이즈는 적절한가?	
4) 각부에서 기름누출은 없는가?	
5) 펌프 운전소리에 이상이 없는가?	
6) 필터의 물고임 상태에 이상이 없는가?	
7) 각부로부터 공기누출은 없는가?	

- 유압 작동유의 오염원인 및 영향

작동유 속에는 매우 많은 오염 입자가 존재한다. 이들의 입자는 미크론 단위의 미세한 것이나, 작동유 및 유압 기기에서는 큰 문제가 된다. 윤활 계통에서 오염 물질의 발생 원인에 대해서 기기의 발생 부위를 중심으로 아래 그림 1-5에 나타내었다.

단원명 1 유지 보수

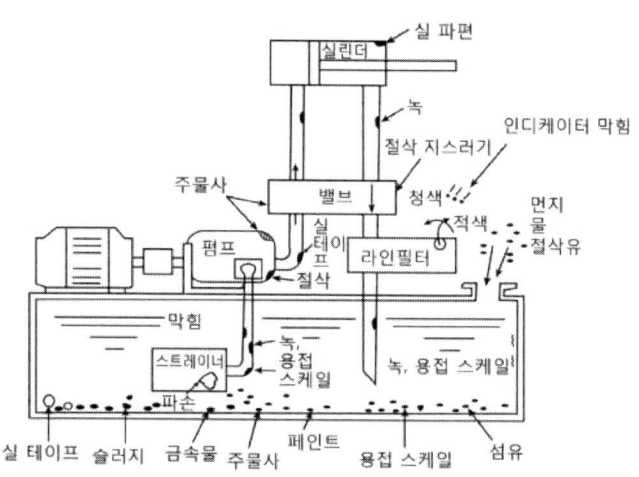

[그림 1-5] 오염물질 발생 부위

- 장치별 고장 대책

<표 1-12> 장치별 윤활

장치별 윤활 고장 대책	1) 사용 조건에 적합한 점도와 성능을 가진 윤활유를 선정한다. 2) 과다한 급유와 윤활제와 공기 접촉을 피한다. 3) 정기적인 유분석으로 오염 정도 확인 및 정유한다. 4) 가동 중 윤활유의 온도가 높아지지 않는지 일상 점검한다. 5) 급유 계통을 연간 1회 세척해야 하며, 급유 용기는 깨끗이 관리한다. 6) 설비에 맞는 급유 기구 및 장치를 사용하고, 급유 상태를 점검한다. 7) 다른 기종의 기름의 혼합사용을 금한다. 8) 교환할 때에는 기존 윤활유를 깨끗이 제거한 후 신유를 급유한다.

유공압 제어4 [유지보수]

1-1 교수방법 및 학습활동

교수 방법

강의 및 문제 해결법
- 유압 시스템의 유압펌프 및 유압유 관리 항목을 설명한다. 이 때 이미 학습한 내용에 대하여 명칭과 기호 및 기능 등에 대하여 보충 설명을 할 수 있도록 한다.
- 유압 유닛, 밸브에 관한 카탈로그 준비해서 보는 방법을 제시하고 제조회사별로 취급사항을 읽어보고 의문점을 질의응답 한다.

학습 활동

사전 지식 평가
1) 압력과 동력을 정의하고 사용되는 단위를 나열해 보게 한다.
2) 유압이 발생되는 원리와 실린더를 설명하게 한다.

관련 지식 전달
- 유압 고장 사례를 예를 들고, 조사하여 발표하도록 한다.
- 유압 펌프, 유압 유닛, 밸브 등에 관한 점검 사항을 조별로 조사하도록 하여 발표한다.

단원명 1 유지 보수

1-1 평가

평가 시점

- 구조적 내용과 기능에 대하여 서술형과 발표형으로 나누어 평가 실시
- 점검, 문제해결 능력을 조원끼리 협동에 대하여 평가자 체크리스트를 이용한 평가 실시

평가 준거

평가자는 피평가자가 수행 준거 및 평가 내용에 제시되어 있는 내용을 성공적으로 수행할 수 있는지를 평가해야 한다. 평가자는 다음 사항을 평가해야 한다.

평가영역	평가항목	성취수준				
		잘모른다	미흡하다	보통이다	알고있다	잘알고있다
유압 유지보수	유압펌프 및 유압 유닛 점검 방법					
	유압기기 이상 발생시 체크항목					
	유압실린더 관리 요령					

평가 방법

평가영역	평가항목	평가방법
유압 유지보수	유압펌프의 유압탱크 관리 요령	서술형시험
	유압기기 점검 및 보수 요령	

피드백

1. 서술형시험
   - 평가 결과 일정 점수 이하인 학생들은 일정시간 추가 학습 후 재평가한다.

2. 평가자 체크리스트
   - 평가 결과 일정 기준에 미달한 학생들은 학습자 멘토를 정하여 추가학습 후 재평가한다.

단원명 1 유지 보수

실기 내용 유압 탱크 와 유압 실린더 분해 하기

1. 유압탱크 분해하기

(1) 유압탱크 작동유 교환 순서를 기술하고 작동유를 교체하세요?

- 교환시 준비물 기술
- 작동유 종류 선정 매뉴얼
- 오일 필터 종류 확인

(2) 유압탱크 이상 발생 상황 및 증상을 아는 대로 기술하세요?

- 유압탱크 소음 체크
- 작동유 소모량 확인
- 점도 손으로 확인

(3) 유압장치의 분해 전 점검과 검사항목에 대해서 적으시오
1)
2)
3)
4)

2. 유압 실린더 분해하기

(1) 유압실린더의 패킹 교환 순서를 기술하세요?

- 유압 실린더 해드 분해
- 유압 실린더 로드 분해
- 역순으로 조립 등

(2) 조립된 유압실린더의 교환을 해보세요?

유공압 제어4 [유지보수]

장비 및 도구, 소요재료

1. 장비 및 공구

　유압탱크 분해 가능한 실습 장치, 토크랜치, 스크류 드라이브, 플라이어, 베어링 플리, 바이스

2. 소요재료

　작동유, 여분의 각종 볼트, 너트

안전유의사항

1) 수공구 사용 시 주의 사항
- 작업에 알맞은 적절한 공구를 선택하여 사용한다.
- 공구의 용도에 알맞게 사용해야 한다.
- 공구에 묻어 있는 기름이나 이물질을 제거하고 사용한다.
- 공구의 마모상태를 확인하고 사용한다.
- 작업장 주위를 정리 정돈한 후 작업한다.
- 공구를 보관할 때에는 지정된 장소에 보관한다.

2) 렌치 및 스패너 사용 시 주의 사항
- 볼트나 너트의 치수에 꼭 맞는 것을 사용한다.
- 파이프 등의 연장대를 끼워 사용하지 않는다.
- 렌치나 스패너를 해머로 두드리거나, 해머 대용으로 사용해서는 안된다.
- 조정 렌치를 사용할 경우에는 조정 조에 힘이 가해지지 않는 방향으로 사용한다.
- 사용 후에는 마른 헝겊으로 닦아서 보관한다.

3) 줄 작업 시 주의 사항
- 줄 작업의 높이는 작업자의 팔꿈치 높이로 한다.
- 작업 전 줄의 균열 유무를 점검하고 작업한다.
- 작업 자세는 허리를 낮추고 몸의 안정을 유지하면서 전신을 이용한다.
- 줄눈이 메워지면 와이어 브러시로 털어낸다.
- 줄 작업은 앞으로 밀 때만 압력을 가하여 작업한다.

4) 톱 작업 시 주의 사항
- 톱날을 끼울 때는 이의 방향이 전진 방향을 향하도록 끼운다.
- 절단이 끝날 무렵에는 힘을 알맞게 조절한다.

- 철재 봉이나 파이프 등은 삼각 줄로 안내 홈을 파고난 후 작업한다.
- 한손은 손잡이를 잡고 다른 한손은 프레임 끝부분을 잡은 다음 전진할 때 압력을 가해 공작물을 자른다.

5) 해머 작업 시 주의 사항

- 해머의 타격면이 찌그러진 것은 사용하지 않는다.
- 쐐기를 박아 손잡이가 튼튼하게 박힌 것을 사용한다.
- 장갑을 끼거나 기름이 묻은 손으로 작업하지 않는다.
- 해머를 휘두르기 전에 주위를 살피고, 사용 중 해머와 손잡이를 자주 점검한다.
- 좁은 곳이나 발판이 불안한 곳에서는 작업하지 않는다.
- 작업 중 파편이 튀거나 불꽃이 발생할 수 있는 경우는 보안경을 착용하고 작업한다.

관련 자료

1. 관련자료

- 유압 탱크 설계
- 유압 실린더(KS B 6370)
- 유압 실린더 제품 카탈로그

유공압 제어4 [유지보수]

평가 문제

문제 1. 유압 작동유에 혼입되어 있는 기포와 수분을 제거하는 기능을 그리고 원리를 설명 하세요 ?

문제2. 다음 유압 작동용 기름 탱크에 대해 설명 하세요?
[참고] 탱크의 면적은 빠른 열의 발산, 기포의 분리 등을 위하여 가능한 넓게 한다.

문제3. 유압탱크의 주유구에 설치되어 외부로부터 유입되는 공기의 정화 기능인 에어브리더를 설명 하세요?

문제4. 고정식 유압 시스템에서 탱크의 크기를 결정할 때 펌프 토출량보다 몇 10~15%정도 크게 하는 이유를 설명 하세요?
[참고] 기름 탱크의 크기는 일반적으로 펌플 토출량보다 10~15% 크게 한다. 그러나 이동식의 경우 이보다 작게 할 수 있다.

문제5. 고정식 유압 시스템에서 유압작동유의 양을 결정할 때 1~2분간의 토출량으로 이유를 밝히세요?
[참고] 일반적으로 고정식 유압 시스템의 경우 유압 작동유의 양은 약 3~5분간의 토출량으로 결정하고 이동식의 경우 약 1~2분간의 토출량으로 결정한다.

문제9. 필터의 성능을 표시하였을 때 그 기준을 기술 하세요?
[참고] 필터의 상류측에 3㎛보다 큰 입자가 200개 있을 때 필터를 통과한 후 같은 크기인 3㎛ 보다 큰 입자의 수가 1개로 감소하였다면 그 필터의 성능으로 표시한다.

문제10. 유압 어큐뮬레이터의 기능을 설명 하세요 ? (3가지 이상)
[참고] 유압 어큐뮬레이터의 기능은 보조 에너지원, 대 유량의 순간적 공급, 서지 압력의 흡수, 일정압력의 유지 등이다.

단원명 1 유지 보수

1-2 유압 공압 유지 보수

| 교육훈련
목　표 | • 공기 압축기의 성질과 특성을 알고 용도에 따라 선정할 수 있다.
• 압축공기 분배의 종류와 특성을 이해하여 용도에 맞게 활용할 수 있다. |

필요 지식　압축기 종류, 압축기 서정에 관한 지식, 압축공기 배관 취급

공압 시스템은 압축 공기를 에너지원으로 이용하기 때문에 공기를 압축시켜 주기 위한 압축기가 필요하게 된다. 압축 공기를 생산하기 위해서는 압축기나 송풍기가 필요한데, 일반적으로 토출 압력이 100kpa 미만이면 송풍기라 하고, 100kpa 이상이면 압축기라 한다. 그러나 산업 현장에서 사용하는 압력은 5~700kpa 정도이기 때문에 공압 시스템에서는 압축기가 사용되게 된다.

공기 압축기는 크게 용적형과 터보형으로 나누어진다. 용적형은 피스톤 압축기와 같이 실린더에 공기를 가득 채우고 이 실린더의 내부 체적을 감소시켜서 압력을 얻는 형식이다. 터보형은 공기의 유동 원리(air-flow principle)에 의하여 운전되는 것으로 선풍기와 같은 회전 날개에 의하여 흡입된 공기에 주어진 운동 에너지를 압력 에너지로 변환시키는 장치이다. 용적형의 압축기는 공기 소비량이 많지 않은 곳에서 많이 사용되고, 터보형의 압축기는 큰 용량이 필요한 곳에서 주로 사용된다.

공급 체적(delivery volume)이 60 ㎥/min 까지는 피스톤 압축기와 스크루 압축기가 많이 사용되고, 10 ㎥/min 이하의 영역에서는 베인 압축기도 사용될 수 있다.
50 ㎥/min 이상의 영역에서는 터보 압축기의 사용을 고려하여야 하고, 100 ㎥/min 이상의 영역에서는 거의 모두 터보 압축기가 사용된다. 시판되고 있는 여러 형식의 압축기들의 시장 점유율을 보면 피스톤 압축기가 약 50%, 스크루 압축기가 약 30%, 베인 압축기가 약 10% 정도 되며 터보 압축기는 3% 미만의 점유율을 보이고 있다.

2-1 압축기 종류

1) 피스톤 압축기

피스톤(piston) 압축기는 오래 전부터 사용되어온 가장 많이 사용되는 압축기이다. 이 압축기는 100kpa 정도의 낮은 압력에서부터 수천kpa 아주 높은 압력까지 모두 사용할 수 있다. 피스톤 압축기는 오래 전부터 사용되어 왔고, 구조도 비교적 간단하고 친숙하여 보수 유지를 하는데도 별 어려움이 없기 때문에 가장 많이 사용되는 압축기이다.

피스톤 압축기는 간헐적으로 사용할 때는 상대적으로 고장 발생률이 작고, 장시간 계속 사용하는 경우에는 상대적으로 고장 발생률이 높은 특징이 있으며, 타 압축기에 비하여 소음이 크게 발생되는 단점이 있다. 피스톤과 피스톤 링은 마모되는 부분이므로 6,000 ~12,000 시간 정도 사용 후에는 교환해 주어야 한다.

다음은 1단 피스톤 압축기를 보여주고 있다.

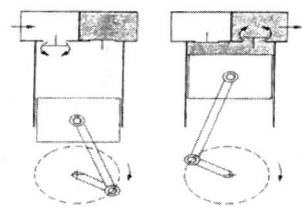

[그림 2-1] 일단 피스톤 압축기

피스톤 압축기는 압축 공기가 간헐적으로 생산되므로 압력의 맥동 현상이 크게 발생되므로 타 압축기에 비해 큰 용량의 저장 탱크가 필요하다. 그리고 압축 과정 중에 공기의 온도가 높게 올라가게 되어, 피스톤의 원활한 움직임을 위해 공급한 윤활유가 증발하여 일부는 높은 온도로 연소되어 탄화물의 찌꺼기로, 연소되지 않은 나머지는 오일 미스트(oil mist)형태로 생산된 공기 중에 섞여 있게 되므로 생산된 공기의 질이 별로 좋지 못한 단점이 있다.

고압으로 압축하기 위해서는 다단식 압축기가 필요하다. 흡입된 공기는 첫 번째 피스톤에 의하여 압축되고 냉각된 후에 다음 피스톤에 의하여 다시 압축되게 된다. 첫 번째 피스톤에 의하여 압축이 될 때에 압력만이 아니고 온도도 함께 올라가게 되기 때문에 냉각을 시켜줘야만 유효한 압축량을 증가시킬 수 있게 된다.

400kpa의 압력까지는 1단 압축기, 1500kpa의 압력까지는 2단 압축기, 그리고 이를 초과할 때는 3단 이상의 압축기를 사용하는 것이 바람직하다. 1단 압축기로 1200kpa의 압력까지 생산하는 것도 기술적으로는 가능하나 경제적이지는 못하다. 압축기의 용량이 작은 경우에는 공냉식으로도 냉각시켜주는 것이 가능하지만 용량이 커지면 수냉식을 채택하여야 한다.

다음은 2단 피스톤 압축기를 보여준다.

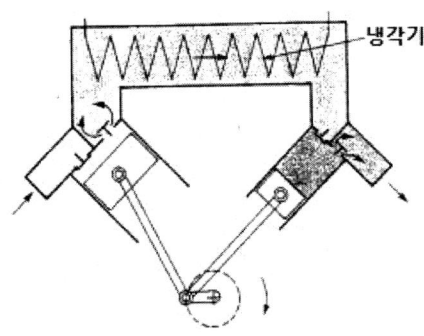

[그림 2-2] 2단 피스톤 압축기

2) 격판 압축기

피스톤 압축기는 압축 과정 중에 발생되는 고온의 열에 의하여 윤활유가 증기상태로 되어 일부는 탄화되고 일부는 미세한 기름 입자 상태로 생산된 압축 공기에 섞여 있게 된다. 그러므로 깨끗한 공기가 필요한 곳에는 격판(Diaphragm)압축기가 사용된다. 공기가 왕복 운동을 하는 피스톤과 직접 접촉하지 않는 이 압축기는 깨끗한 공기를 생산할 수 있어 식료품, 제약 및 화학 산업과 같이 깨끗한 공기가 필요한 곳에서 많이 사용되나, 용량이 작은 단점이 있다.

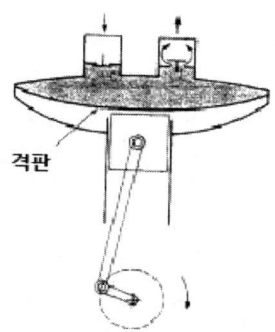

[그림 2-3] 격판압축기

3) 베인 압축기

베인(Vane) 압축기는 편심 된 로터(Rotor)가 흡입구와 배출구가 있는 실린더 형태의 하우징(Housing) 내에서 회전 운동을 하여 공기를 압축하는 형식이다. 이 압축기는 정밀한 치수를 가지고 있어 조용한 운전을 하고, 공기를 안정되고 일정하게 생산하여 맥동 현상이 작은 장점이 있다. 그러나 가격이 비싸고 많은 공기량과 높은 압력이 요구되는 곳에는 적당하지 않은 단점이 있다.

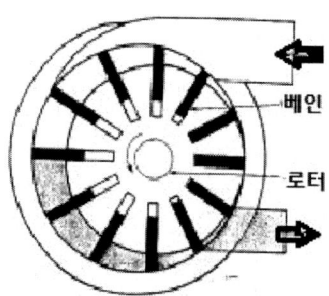

[그림 2-4] 베인 압축기

4) 스크류 압축기

스크류(Screw) 압축기는 오목한 측면과 블록한 측면을 가진 2개의 로터가 한 쌍이 되어 회전하면서 축 방향으로 흡입된 공기를 반대 방향으로 밀어내면서 압축하는 형식이다. 이 압축기는 소음 및 진동이 작고 압축 공기가 연속적으로 토출되기 때문에 압력의 맥동 현상이 작은 장점이 있다. 그러나 두개의 스크류가 정확하게 맞물려 회전하는 것이 아니고 어느 정도의 간극을 유지하면서 회전 운동을 하기 때문에 토출 압력이 높으면 높을수록 압축기의 효율이 나빠지게 된다. 즉, 600kpa 이상의 압력이 요구되는 곳에서는 압축기의 생산 효율이 급격하게 저하되므로 사용하지 않는 것이 바람직하다.

이 압축기는 연속 운전으로 사용 시 상대적으로 타 압축기에 비해 고장 발생률이 작은 장점이 있고, 소음도 피스톤 압축기 보다 3 ~4 DB(Decibel, 데시벨) 정도 작기 때문에 공장에서 가장 선호되는 압축기 중의 하나이다.

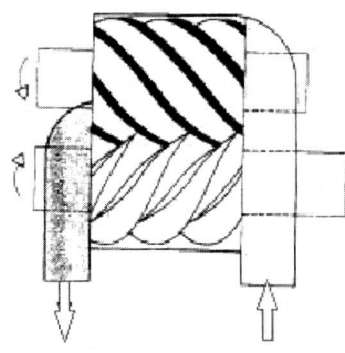

[그림 2-5] 스크류 압축기

5) 터보 압축기

이 압축기는 공기의 유통 원리를 이용한 것이며 대 용량형에 적합하며 축방향(Axial) 및 반경 방향(Radial)형의 두 가지가 있다. 공기는 여러 개의 터빈에 의하여 운동에너지를 얻게 되며 이러한 운동 에너지를 압력 에너지로 바꾸어서 압축하는 형식이다.

1개의 터빈에 의해서는 절대 압력으로 130kpa 즉 상대 압력으로 30kpa 정도의 압력 밖에는 얻어지지 않기 때문에 여러 개의 날개를 직렬로 설치하여 다단 압축 형식을 취하게 된다. 3개의 날개를 직렬로 연결하여도 절대 압력으로 2.2 Bar의 압력 밖에 얻지 못하므로, 이러한 다단 압축기를 다시 여러 단계를 거쳐야 한다. 각 단이 날개 3개로 구성된 4단계의 압축 과정을 거치는 압축기이다. 여기에서도 각 단 사이에는 내각을 하여야만 압축기의 효율이 좋아지게 된다.

이 터보형 압축기는 깨끗하고 대량의 공기를 생산할 수 있는 장점이 있으나 구조가 복잡하고 가격이 아주 비싼 것이 단점이다. 이는 절대 압력으로 130kpa, 즉 상대 압력으로 30kpa 정도의 압력 밖에는 얻어지지 않기 때문에 여러 개의 날개를 직렬로 설치하여 다단 압축 형식을 취하게 된다. 3개의 날개를 직렬로 연결하여도 절대 압력으로 2.2 Bar의 압력 밖에 얻지 못하므로, 이러한 다단 압축기를 다시 여러 단계를 거쳐야 한다. 그림2-8은 각 단이 날개 3개로 구성된 4단계의 압축 과정을 거치는 압축기이다. 여기에서도 각 단 사이에는 내각을 하여야만 압축기의 효율이 좋아지게 된다.

이 터보형 압축기는 깨끗하고 대량의 공기를 생산할 수 있는 장점이 있으나 구조가 복잡하고 가격이 아주 비싼 것이 단점이다.

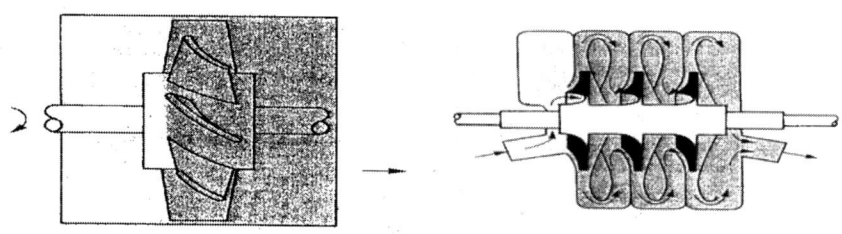

[그림 2-6] 일단축류 압축기 [그림 2-7] 다단식 반경류 압축기

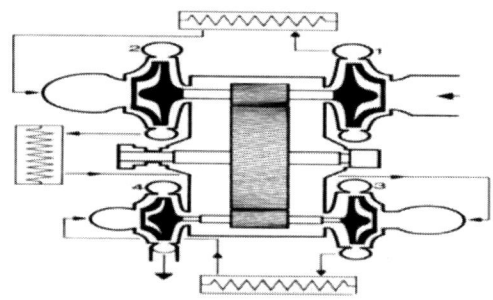

[그림 2-8] 다단 반경류 터보 압축기

2-2 압축기 선정

1) 공급 체적

압축기를 선정할 때 가장 중요한 것은 우리가 원하는 압력과 유량을 공급해 줄 수 있느냐 하는 것과 압축기의 구비 조건이다. 이 중에서 압력과 구동 조건은 비교적 간단하게 선정할 수 있는 기준이 된다. 즉, 작업 조건에 따라 압축기를 전동기나 내연 기관을 구동 장치로 사용하지만, 공장에서는 일반적으로 전동기를 구동 장치로 사용한다. 그리고 이동식의 경우에도 전동기를 사용할 수 없는 환경의 경우에만 제한적으로 내연 기관이 구동 장치로 사용되고 있다.

압력도 우리가 사용하는 압력이 아주 높지 않는 한 압축기의 선정에 큰 영향을 미치지는 않는다. 현장에서 일반적으로 사용하는 압력인 0.6 Mpa정도는 어느 압축기로도 생산할 수 있기 때문에 큰 문제가 되지는 않으나 이보다 높은 압력을 사용하고자 하는 경우에는 스크류 압축기는 높은 압력에서는 효율이 저하되기 때문에 피하는 것이 바람직하다.

그러므로 압축기의 선정에서 가장 중요한 것은 압축기가 생산해 낼 수 있는 공기의 양이다. 압축기가 생산해 낼 수 있는 공기의 양을 공급 체적(Delivery Volume)이라 하며, 공급 체적에는 이론 공급 체적과 유효 공급체적이 있다. 이론 공급 체적이란 이론적으로 계산된 공급 체적이며 유효 공급체적은 운전 조건에 따라 변하게 되는 압축기가 실제로 생산하는 공기의양이 된다. 우리에게 중요한 것은 유효 공급 체적이 되나 유효 공급 체적은 같은 압축기라 하더라도 운전 조건에 따라 변하게 되므로 모든 압축기 제조회사는 이론 공급 체적만을 표시하도록 되어 있기 때문에 주의하여야 한다. 이론 공급 체적은 압축기가 이론적으로 생산할 수 있는 공기의 양을 표준상태(대기압, 20℃)로 환산하여 ㎥/min나 ㎥/h로 표시된다. 그러나 우리에게 중요한 유효 공급 체적은 압축기의 형식에 따라 이론 공급체적의 60% 수준밖에 안되는 경우도 있기 때문에 충분한 여유를 두고 선정하여야 한다.

2) 압력

압력에는 작업 압력(Working Pressure)과 작동 압력(Operating Pressure)이 있다. 작업 압력은 압축기의 출구 측 압력 또는 저장 탱크나 배관 라인의 압력을 의미하고, 작동 압력은 공압 기기가 작동되기 위하여 필요한 압력을 의미한다.

공압 실린더나 밸브 같은 일반적인 공압 기기들은 최대 허용 압력이 8~12 bar 정도로 설계되어 있다. 그리고 일반 공압 기기들이 경제적으로 작동되기 위한 압력은 대체로 6 bar 정도이다. 그러므로 우리가 선정하는 압축기는 공압 기기에 6 Bar의 압력을 공급해 줄 수 있으면 된다.

배관의 크기와 길이 및 설치 방법 등에 따라 달라지지만 배관부에서의 압력 손실을 약 1 bar 정도 고려하여야 하므로 공압 시스템을 6 bar로 작동시키기 위해서는 압축기는 7 bar 정도의 압력을 생산하여야 한다.

이 정도의 압력은 어느 형식의 압축기로도 생산할 수 있으나 스크류 압축기는 압력이 높아지면 효율이 저하되므로, 스크류 압축기를 사용하고자 하는 경우에는 공압 시스템의 사용 압력을 5 bar 정도로 낮추는 것이 바람직하다.

3) 압축기의 구동

작업 조건에 따라 압축기는 전동기나 내연 기관을 구동 장치로 사용한다. 일반 공장에서는 전동기가 구동 장치로 사용되나, 이동식의 경우에는 내연기관에 의하여도 구동된다.

압축기는 외부로 소음이 새어나가지 않게 방음 장치가 된, 압축기만을 위하여 마련된 방에 설치하여야 한다. 그리고 그 방은 환기가 잘되어야 하고, 먼지나 분진이 없는 깨끗하고 서늘한 북향인 곳이 바람직하다. 그리고 압축기는 한 개의 큰 용량의 압축기를 설치하는 것보다는 여러 개의 압축기를 설치하는 것이 더 좋다. 가급적 3 개 이상의 압축기를 설치하여 압축기가 돌아가면서 쉴 수 있게 하여야 한다. 즉, 3 개의 압축기를 설치하였다면, 어느 순간이든 2 개의 압축기는 가동되고 하나의 압축기는 쉬고 있어야 한다. 물론, 2 개의 압축기로 공장에서 필요한 공기는 생산될 수 있어야 한다.

4) 저장 탱크

저장 탱크는 압축기로부터 발생되는 맥동 현상을 감소시켜 공기 공급을 안정되게 하기 위하여 꼭 필요한 장치이다. 또한, 저장 탱크는 큰 표면적을 이용하여 압축 공기를 냉각시켜 공기에 포함된 수증기가 물로 응축되도록 해주며 갑작스런 정전 등의 비상 상태에도 대비할 수 있도록 해야 하기 때문에 충분한 크기를 가져야만 한다. 그리고 저장 탱크는 압축기와 같은 방에 설치되어서는 안 된다. 압축기는 열을 발생시키는 장치이므로 저장 탱크가 같은 방에 설치되면 저장 탱크의 공기가 식을 수 없게 된다.

저장 탱크 내의 압력이 최고 설정 압력에 도달하면 압축기가 정지하고, 공기를 사용하여 탱크 내의 압력이 낮아져서 최저 설정 압력에 도달되면 다시 압축기가 가동되는 On/Off 제어 방식을 채택하는 경우에는 압축기 동작의 스위칭 횟수를 감소시켜 압축기가 충분히 쉴 수 있는 여유를 주어야만 하기 때문에 가급적이면 큰 용량의 탱크를 사용하는 것이 좋다.

2-3 압축공기의 분배

1) 배관 크기의 선정

압축공기를 생산하면 이를 필요한 곳까지 운반해 주어야만 한다. 압축공기를 운반하는 파이프의 크기를 선정할 때에는 추후에 수요가 증가할 것을 대비하여 배관경의 크기를 여유 있게 하는 것이 바람직하다. 후에 지름이 큰 배관을 다시 설치하는 것은 매우 비용이 많이 들기 때문이다.

배관경의 선택에는 다음의 사항들이 고려되어야만 한다.

. 유량
. 배관의 길이
. 허용 가능한 압력 강하
. 압력
. 배관내의 저항 효과를 주는 부속 요소의 양

배관의 직경은 저장 탱크와 배관의 말 단부 사이의 압력 강하가 공급 압력의 5%가 넘지 않도록 선정되어야 한다. 즉, 600 kpa의 압력을 사용하는 경우 최대 30 kpa의 압력 강하까지 허용할 수 있으나 일반적으로 10 kpa 이상의 압력 강하를 넘지 않도록 설계하고 있다.

2) 배관의 방법

배관은 주기적으로 보수 유지와 점검이 필요하기 때문에 가능한 한 벽속이나 좁은 공간 속에는 설치하지 않는 것이 좋다. 배관은 압축 공기가 흐르는 방향으로 1~2%의 경사가 되도록 설치하여야 응축수나 찌꺼기가 낮은 곳으로 큰 저항 없이 흘러서 모이게 할 수 있고 외부로 쉽게 배출시킬 수 있게 된다. 만약 배관이 압축 공기가 흐르는 방향으로 경사지게 설치되어 있지 않고 불규칙하게 설치되어 있으면 배관 저항도 크게 되고, 겨울철에는 응축된 물이 동결될 수도 있어 심각한 문제를 발생시키게 된다. 주 배관에서 기계에 압축 공기를 공급하기 위하여 지선(Branch Line)을 연결할 때에도 배관 속의 찌꺼기가 지선으로 혼입되지 못하도록 주 배관의 상부에서 지선을 연결하여야만 한다. 그리고 응축된 수분과 찌꺼기 등을 배출시키기 위한 드레인(Drain) 장치를 배관의 가장 낮은 부분에 설치하여야만 한다.

주 배관의 방법으로는 그림 2-10과 같은 편도 배관과 그림 2-11과 같은 환형의 배관 방법이

유공압 제어4 [유지보수]

있다. 편도 배관은 배관의 끝 부분으로 갈수록 압력강하가 커져서 말단부에서는 요구하는 압력을 얻지 못하는 경우도 있기 때문에 짧은 지선의 경우에만 이용하여야 한다.

환상의 배관 방법을 채택하면 편도 배관보다 같은 직경으로 70% 더 많은 공기를 공급할 수 있어 훨씬 적은 압력 손실로 공기를 공급할 수 있기 때문에 주 배관은 이 방법으로 설치하여야 한다.

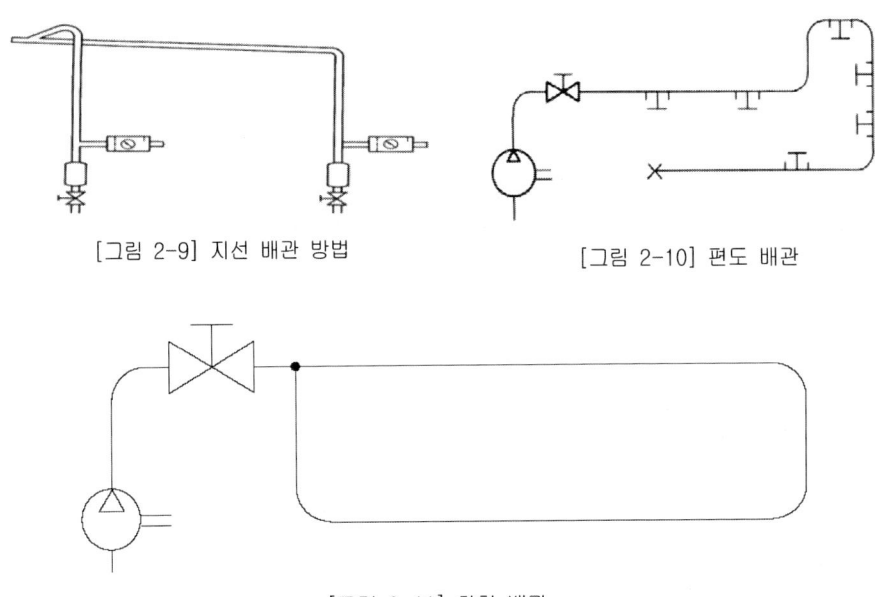

[그림 2-9] 지선 배관 방법   [그림 2-10] 편도 배관

[그림 2-11] 환형 배관

다음은 이상에서 설명한 환형의 배관과 주 배관 라인에서 지선을 연결하는 방법을 나타내주는 그림이다. 주 배관의 가장 낮은 지점에는 반드시 응축수와 찌꺼기를 제거하기 위한 드레인 장치를 설치하여야만 한다.

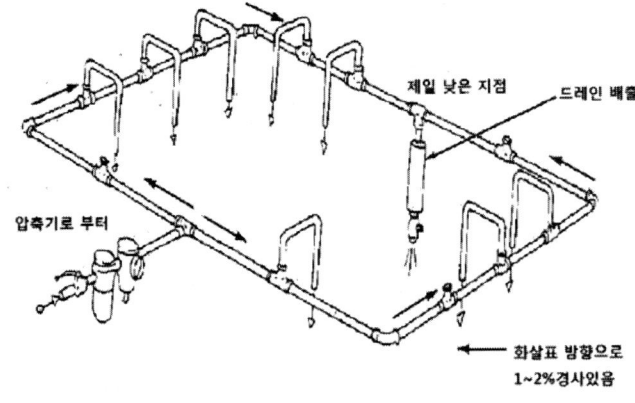

[그림 2-12] 환형배관과 지선

단원명 1 유지 보수

2-4 공압 액추에이터

공압 액추에이터는 압축 공기를 이용하여 회전 운동이나 직선 운동을 발생시켜 작업을 수행하는 기기로, 본질적으로 유압식 액추에이터와 동일하나 사용하는 유체가 압축성이 있고 점성이 유압유와는 많이 다르기 때문에 용도와 기기의 세부 설계 구조는 많은 점에서 서로 다르다.

1) 공압 실린더

공압 장치는 구조가 간단하기 때문에 취급성이 좋고, 매우 빠른 작업 속도를 얻을 수 있다. 일반적인 공압 실린더의 작업 속도는 1~2 M/S 정도이며, 특수한 형태의 충격 실린더로는 10 m/s의 속도까지 얻을 수 있고, 최근에 개발된 터-보형의 공압 모터는 약 800,000 rpm에 이르는 것도 있다.

그러나 공압 액추에이터는 사용하는 압력이 높지 않기 때문에 큰 힘을 낼 수 없는 단점이 있게 된다. 일반적인 공압 실린더의 사용한계는 약 4톤(실린더 직경 320 ㎜)정도이다. 또한, 공압 액추에이터는 과부하에 대하여 절대적으로 안전하며 힘과 속도를 쉽게 무단으로 조절할 수 있는 등의 뛰어난 장점도 있다. 그러나 압축성 있는 작업 매체를 이용하기 때문에 균일한 작업 속도를 얻는 것이 불가능하고, 특히 실린더의 속도가 20 ㎜/s 이하인 경우에는 스틱 슬립(Stick Slip) 현상이 발생될 수도 있기 때문에 주의하여야한다.

그리고 압축 공기는 생산 단계가 복잡하고 생산 효율이 좋지 못하기 때문에 공기 소비량이 큰 대용량의 실린더와 공압 모터의 사용은 특수한 경우를 제외하고는 피하는 것이 경제적이다.

공압 액추에이터는 크게 직선 운동을 하는 실린더와 회전 운동을 얻기 위한 장치로 분류할 수 있다. 또한, 직선 운동을 위한 실린더는 한 쪽 방향의 운동만 압축 공기에 의하여 일어나는 단동 실린더와 양 쪽 방향의 운동이 모두 압축 공기에 의하여 수행되는 복동 실린더로 나눌 수 있고, 회전 운동을 얻기 위한 장치는 회전 운동 각도가 제한된 요동 운동 기구와 무한한 회전각을 가진 공압 모터로 나누어진다.

(1) 단동 실린더

단동 실린더(Single Acting 실린더)는 한쪽 방향의 운동은 압축 공기에 의하여 일어나고 반대편의 운동은 내장된 스프링이나 외력에 의하여 일어나는 실린더이다. 내장된 스프링의 힘은 실린더의 복귀 운동에는 충분하나 복귀 운동 시에 일을 할 수 있을 정도로 크지는 않기 때문에 복귀 운동 시에는 일을 할 수 없다. 즉, 복귀 운동 시의 스프링의 힘을 압축 공기의 압력으로 환산하면 30~50 kpa의 압력을 사용하는 정도밖에 되지 않기 때문에 복귀 운동 시에 부하가 작용하면 복귀운동이 힘들어 진다.

다음 단동 실린더의 제어 원리를 보여 주고 있다.

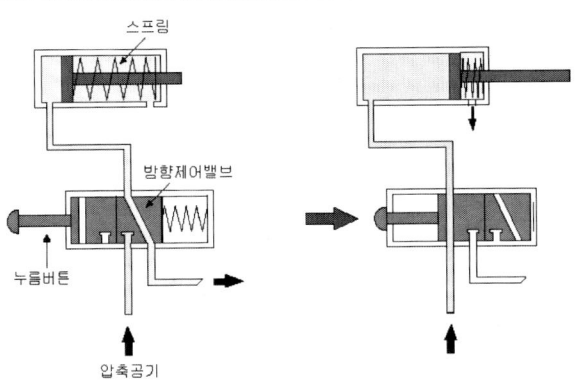

[그림 2-13] 단동 실린더 작동 방법

스프링이 내장된 단동 실린더는 스프링 때문에 최대 행정 거리가 100mm이내로 제한되게 된다. 그리고 복귀 운동이 스프링에 의하여 일어나기 때문에 실린더의 체적이 크면 압축 공기가 배기 되는 시간이 길어지게 되어 후진 운동 시의 반응 시간이 커지게 되기 때문에 최대 직경도 50mm이내로 제한되게 되는 단점이 있다.

그러나 단동 실린더는 밸브와 실린더를 연결해 주기 위한 배관이 복동실린더에 비해 간단해지고, 압축 공기의 소비량도 절반 정도로 줄어들게 되는 장점이 있다.

이러한 단동 실린더는 주로 복귀 시에 큰 힘이 필요하지 않은 클램핑(Clamping), 이젝팅(Ejecting), 프레싱(Pressing) 및 리프팅(Lifting) 등에 주로 이용된다.

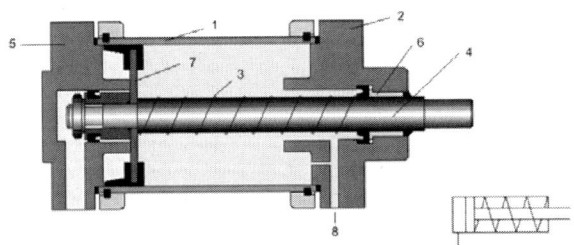

[그림 2-14] 피스톤형 단동 실린더의 구조

① 실린더의 배럴 ② 실린더 헤드카버 ③ 복귀 스프링 ④ 피스톤 로드
⑤ 실린더 베이스 카버 ⑥ 로드 부시 ⑦ 피스톤과 패킹 ⑧ 벤드 홀

(2) 격판 실린더

격판(Diaphragm) 실린더는 내장된 격판(보통 고무나 플라스틱으로 만들어져 있음)이 압축 공기의 압력에 의해 풍선과 같이 부풀어져서 짧은 직선 운동을 얻는 장치이다. 이 실린더는 피스톤형 실린더에 비해 기본치수가 작고 구조가 간단하기 때문에 설치하기가 편리하여 클램핑 용으로 많이 이용되고 있다. 최대 행정 거리는 약 5mm 정도이다. 격판 실린더는 압축 공

기에 의해 부풀어진 격판이 금속판을 밀어 올리게 되어 있어 최종 움직이는 부분이 금속이 되나, 금속판 없이 고무로 된 격판만으로 된 격판 실린더도 있다. 금속판이 없는 격판 실린더를 이용하면 아주 불규칙한 표면을 가진 물체나 아주 소프트(Soft)한 물체의 클램핑도 가능하게 된다.

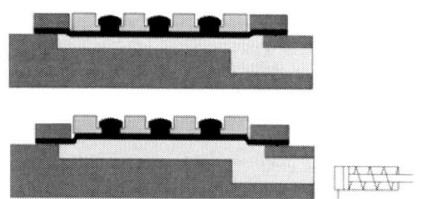

[그림 2-15] 격판 단동실린더

(3) 복동 실린더

복동 실린더(Double Acting 실린더)는 전진 운동과 후진 운동을 모두 압축 공기에 의한 힘으로 하는 실린더이다. 그러므로 복동 실린더는 단동실린더와는 달리 사용 조건의 제약을 별로 받지 않기 때문에 우리가 이용하는 실린더는 거의 모두가 복동 실린더이다.

복동 실린더의 행정 거리는 단동 실린더와는 달리 원칙적으로는 제한이 없지만 피스톤 로드의 구부러짐(Buckling)과 휨(Bending)을 고려하여 보통 2000mm이내로 제한되게 된다. 실린더의 안지름 또한 아주 작은 4mm에서부터 최대 320mm까지 제작되고 있다.

실린더 배럴(Barrel)의 재질로 90년대 초 만해도 주로 강철이 사용되었었으나 현재는 거의 모두가 알루미늄이 사용되고 있다. 그리고 제조 기술의 발달로 직경 100mm이내의 실린더는 윤활을 하지 않고도 사용할 수 있을 정도로 정밀 가공되어 생산되고 있다. 복동 실린더는 압축 공기로 전진과 후진 운동을 모두 하기 때문에 다양한 사용 조건에 응용될 수 있으나 공압 실린더 자체가 부하(Load)가 변하면 속도가 변하는 특성이 있기 때문에 아주 정밀하고 균일한 속도 제어가 필요한 곳에는 가급적 사용하지 않는 것이 바람직하다. 그러므로 공압 실린더는 물체의 이송, 반전, 클램핑, 이젝팅 등 물체의 핸들링(Handling) 작업에 주로 이용된다.

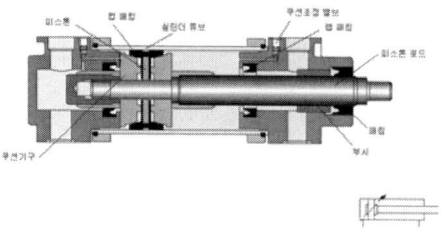

[그림 2-16] 복동 실린더 구조

(4) 쿠션내장형 실린더

실린더로 무거운 물체를 빠른 속도로 움직이고자 할 때에 관성으로 인한 충격으로 실린더가 손상을 입는 것을 방지하고, 정확한 위치 제어를 하기위하여 피스톤의 끝 부분에 쿠션(Cushion)이 있는 실린더가 사용된다. 피스톤이 끝 부분에 닿기 전에 쿠션 피스톤이 공기의 배출 통로를 차단하므로, 공기는 작은 통로를 통하여 빠져나갈 수밖에 없게 된다. 따라서 실린더의 피스톤 로드 쪽에 배압이 형성되고 실린더의 속도가 감소하게 된다.

이 작은 통로는 체크 밸브가 있는 유량 조절 밸브와 같은 기능을 나타내어 쿠션의 강도를 쉽게 조절할 수 있게 되어 있으며 피스톤이 역전할 때는 체크 밸브를 통해 공기가 쉽게 흘러들어 갈 수 있게 되어 있다. 쿠션이 있는 실린더를 사용하면 실린더의 움직임이 부드럽게 되어 정확한 위치 제어를 할 수 있는 장점이 있으나, 아주 빠른 작업 속도를 얻고자 하는 경우에는 적합하지 않다.

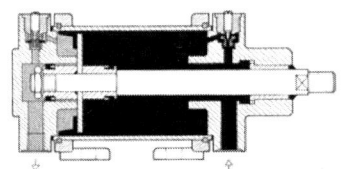

[그림 2-17] 쿠션 내장형 복동 실린더

2-5 공압 모터

공압 모터는 요동 운동 기구와 달리 양쪽 방향으로 계속 회전 운동이 가능한 장치이다. 공압 모터는 과부하에 대하여 안전하고, 최대 토크(Torque)의 제어가 편리하고 초기 구동 토크가 크기 때문에 나사의 체결 등에 많이 이용되지만 회전 운동 시에 공기 소비량이 많기 때문에 운전비용이 많이 드는 단점이 있다.

공압 모터가 갖고 있는 장점은 다음과 같다.
. 속도와 출력을 무단으로 조절할 수 있다.
. 속도 범위가 크다.
. 과부하에 대하여 절대적으로 안전하다.
. 오물, 열, 습기 등의 주변 환경에 민감하지 않다.
. 정지 시에 에너지의 소비 없이 토크의 유지가 가능하다.
. 회전 방향과 속도를 쉽게 바꿀 수 있다.
. 보수 유지가 간단하다.

그러나 공압 모터는 압축성 있는 작업 매체를 이용하므로 하중이 변하면속도가 변하게 되고, 저속에서는 공압 실린더에서와 마찬가지로 속도가 아주 불안정하게 된다. 그리고 회전 속도가

 단원명 1 유지 보수

빨라지게 되면 공기 소비량이 급증하여 운전비용이 비싸지게 된다. 운전비용만으로 비교하면 같은 출력의 전기 모터 보다 10배 이상의 비용이 들게 된다. 그러므로 공압 모터는 특별히 공압 모터를 사용해야만 하는 환경적인 요인이 없는 한 잘 이용되지 않는다.

공압 모터는 구조에 따라 피스톤형, 베인형 및 기어형 모터로 구분한다.

유공압 제어4 [유지보수]

1-2 교수방법 및 학습활동

교수 방법

강의 및 문제 해결법
- 공압 시스템의 압축기 및 윤활기 관리 항목을 설명한다. 이 때 이미 학습한 내용에 대하여 명칭과 기호 및 기능 등에 대하여 보충 설명을 할 수 있도록 한다.
- 공압 유닛,밸브에 관한 카탈로그 준비해서 보는 방법을 제시하고 제조회사별로 취급사항을 읽어보고 의문점을 질의응답 한다.

학습 활동

사전 지식 평가
1) 공압 실린더 종류를 나열해 보게 한다.
2) 압축기가 발생되는 원리와 실린더를 설명하게 한다.

관련 지식 전달
- 압축기의 종류 및 압축공기 분배 사례를 들고, 조사하여 발표하도록 한다.
- 공압 액투에이터, 배관 등에 관한 점검 사항을 조별로 조사하도록 하여 발표한다.

단원명 1 유지 보수

1-2 평가

평가 시점

- 구조적 내용과 기능에 대하여 서술형과 발표형으로 나누어 평가 실시
- 점검, 문제해결 능력을 조원끼리 협동에 대하여 평가자 체크리스트를 이용한 평가 실시

평가 준거

평가자는 피평가자가 수행 준거 및 평가 내용에 제시되어 있는 내용을 성공적으로 수행할 수 있는지를 평가해야 한다. 평가자는 ,다음 사항을 평가해야 한다.

평가영역	평가항목	성취수준				
		잘모른다	미흡하다	보통이다	알고있다	잘알고있다
공압 유지보수	압축기의 종류 및 선정					
	공압 실린더 및 공압 모터					
	공압 모터 및 실린더 구조					

평가 방법

평가영역	평가항목	평가방법
공압 유지보수	압축기 기능 및 압축공기 분배 방법	서술형시험 평가자 체크리스트
	공압 액투에이터 구조 및 설명	

피드백

1. 서술형시험
  - 평가 결과 일정 점수 이하인 학생들은 일정시간 추가 학습 후 재평가한다.

2. 평가자 체크리스트
  - 평가 결과 일정 기준에 미달한 학생들은 학습자 멘토를 정하여 추가학습 후 재평가한다.

유공압 제어4 [유지보수]

실기 내용
압축공기 공급 배관과 공압 실린더

1. 압축공기 공급하기

(1) 압축공기 공급라인 배관을 선정할 때 고려 항목을 나열하고 설명하세요?
 - 배관 크기의 선정
 - 배관의 방법

(2) 쿠션내장형 복동 실린더 구조를 스케치하고 명칭을 기록하세요?
 - 실린더 헤드
 - 실린더 피스톤
 - 패킹 등 자세히 그리기

장비 및 도구, 소요재료

1. 장비 및 공구

  실린더 분해 가능한 실습 장치, 토크랜치, 스크류 드라이브, 플라이어, 베어링 플리, 바이스

2. 소요재료

  쿠션내장형 복동 실린더, 필기 노트

안전유의사항

1) 수공구 사용 시 주의 사항

 - 작업에 알맞은 적절한 공구를 선택하여 사용한다.
 - 공구의 용도에 알맞게 사용해야 한다.
 - 공구에 묻어 있는 기름이나 이물질을 제거하고 사용한다.
 - 공구의 마모상태를 확인하고 사용한다.
 - 작업장 주위를 정리 정돈한 후 작업한다.
 - 공구를 보관할 때에는 지정된 장소에 보관한다.

2) 렌치 및 스패너 사용 시 주의 사항

 - 볼트나 너트의 치수에 꼭 맞는 것을 사용한다.
 - 파이프 등의 연장대를 끼워 사용하지 않는다.
 - 렌치나 스패너를 해머로 두드리거나, 해머 대용으로 사용해서는 안된다.
 - 조정 렌치를 사용할 경우에는 조정 조에 힘이 가해지지 않는 방향으로 사용한다.

단원명 1 유지 보수

- 사용 후에는 마른 헝겊으로 닦아서 보관한다.

3) 줄 작업 시 주의 사항

- 줄 작업의 높이는 작업자의 팔꿈치 높이로 한다.
- 작업 전 줄의 균열 유무를 점검하고 작업한다.
- 작업 자세는 허리를 낮추고 몸의 안정을 유지하면서 전신을 이용한다.
- 줄눈이 메워지면 와이어 브러시로 털어낸다.
- 줄 작업은 앞으로 밀 때만 압력을 가하여 작업한다.

4) 톱 작업 시 주의 사항

- 톱날을 끼울 때는 이의 방향이 전진 방향을 향하도록 끼운다.
- 절단이 끝날 무렵에는 힘을 알맞게 조절한다.
- 철재 봉이나 파이프 등은 삼각 줄로 안내 홈을 파고난 후 작업한다.
- 한손은 손잡이를 잡고 다른 한손은 프레임 끝부분을 잡은 다음 전진
- 할 때 압력을 가해 공작물을 자른다.

5) 해머 작업 시 주의 사항

- 해머의 타격면이 찌그러진 것은 사용하지 않는다.
- 쐐기를 박아 손잡이가 튼튼하게 박힌 것을 사용한다.
- 장갑을 끼거나 기름이 묻은 손으로 작업하지 않는다.
- 해머를 휘두르기 전에 주위를 살피고, 사용 중 해머와 손잡이를 자주 점검한다.
- 좁은 곳이나 발판이 불안한 곳에서는 작업하지 않는다.
- 작업 중 파편이 튀거나 불꽃이 발생할 수 있는 경우는 보안경을 착용하고 작업한다.

관련 자료

1. 관련자료

- 공압 배관 저장탱크 설계
- 공압 실린더 제품 카탈로그

유공압 제어4 [유지보수]

평가 문제

문제1. 공압 배관을 주로 환상 배관으로 하는 주된 이유를 말하세요?

문제2. 압축공기 저장탱크 기능을 기술 하세요?

문제3. 압축공기를 공급하는 주 배관의 경사도로 1/100로 설치하는 이유를 기술 하세요?
[참고] 약 1~2%의 경사도를 가지도록 설치한다.

문제4. 저장 탱크에 압력 릴리프 밸브를 반드시 사용하여야 하는 이유를 말 하세요

문제5. 압축공기 중의 수분을 건조하는 종류와 방법을 기술하세요?

문제6. 스크류 압축기의 특징을 설명 하세요 ?

문제7. 공기 압축기의 선정기준을 설명하세요?

문제8. 왕복형 공기 압축기가 회전형 압축기와 비교하여 장단점을 기술하세요?

문제9. 압축공기 저장탱크에 부착되어야 할 것으로 기술하고 설명하세요?

문제10. 공기 압축기의 설치조건을 나열하세요?

단원명 1 유지 보수

1-3 유압 공압 실린더의 선정 및 점검

교육훈련 목표
- 공압 실린더의 힘을 구하여 용도에 맞게 선택할 수 있다.
- 공압실린더 고장 시 점검하여 수리할 수 있다.

필요 지식 공압 실린더 구조, 패킹 특성

3-1 실린더 선정

실린더를 선정할 때 제일 먼저 고려해야 하는 것은 실린더에 요구되는 힘이다. 실린더가 낼 수 있는 힘에는 실린더가 움직이는 과정 중에 낼 수 있는 동적인 힘과 실린더가 움직임을 멈춘 상태에서 낼 수 있는 힘인 정적인 힘의 두 가지가 있다.

복동 실린더가 운동을 하는 도중에 부담할 수 있는 힘인 동 하중과 정지 상태에서 낼 수 있는 힘인 정 하중은 다음 공식으로 표현된다.

> $Fd = P1 \cdot A1 - P2 \cdot A2 - R$
> $Fs = P0 \cdot A1 - R$
> 여기에서
> $A1$ = 피스톤의 면적(m^2)
> $A2$ = 피스톤 로드를 제외한 면적(m^2)
> R = 마찰력(N)
> $P1$ = 피스톤 쪽의 동 압력(Mpa)
> $P2$ = 피스톤 로드쪽의 배압(Mpa)
> $P0$ = 사용 압력(Mpa)
> Fd = 실린더가 움직이는 과정에 낼 수 있는 힘(N)
> Fs = 실린더가 정지 상태에서 낼 수 있는 힘(N)

실린더가 전진 운동을 할 때 형성되는 압력 P1, P2는 실린더의 속도, 속도 조절 방법에 따라 많이 달라진다. 실린더에 많이 채택되고 있는 배압 속도 조절 방식을 채택하면 일반적인 경우 P1은 P0의 90%, 배압 P2는 P0의 40% 이상이 되기 때문에 Fd는 Fs의 60% 이하가 된다. 즉, 실린더가 움직이면서 낼 수 있는 힘인 Fd는 정지 상태에서 낼 수 있는 힘 Fs의 60%를 초과하지 못한다. 실린더를 이용하여 작업할 때 실린더의 피스톤 로드에 작용하는 작업 하중 , 즉 부하가 정 하중의 60%를 초과하게 되면 실린더의 속도가 불안하게 되고 심한 경우에는 스틱-슬립 현상도 발생될 수 있기 때문에 주의하여야 한다. 실린더에 작용하는 마찰력 R은 실린더의 피스톤에 사용한 밀봉 방법과 윤활 조건에 따라 다르나 대체로 실린더가 낼 수 있는 힘의

유공압 제어4 [유지보수]

3~20% 범위 안에 있는 것으로 알려져 있으나 일반적으로 10%로 간주하여 계산한다. 공압 기기 제조업체에서 제공하는 카탈로그에는 마찰력이 10%인 경우 실린더가 정지 상태에서 낼 수 있는 힘인 Fs가 실려져 있다. 그러나 우리가 실린더를 선정하기 위해 계산이나 측정에 의하여 구한 부하는 실린더가 움직이면서 부담할 수 있는 하중인 Fd인 경우가 대부분이다. 그러므로 우리가 계산한 부하(Fd)의 2배의 힘을 정지 상태에서 낼 수 있는 실린더를 선정하여야 실린더가 원활한 운동을 할 수 있게 된다. 우리가 실린더가 정지 상태에서 낼 수 있는 힘 Fs를 알고 있을 때, 600 kpa의 압력을 사용하는 경우 실린더의 직경은 앞의 공식을 정리하여 다음과 같이 구할 수 있다.

$$D = 4.86 \sqrt[2]{Fs}$$
여기에서 D : 실린더의 직경(mm)
Fs : 실린더가 낼 수 있는 정 하중(Kgf)

3-2 공압 실린더 점검 및 수리

가) 공압 실린더 설치볼트 및 너트에 느슨함이 없는가.
나) 공압 실린더 설치 프레임의 느슨함 또는 비정상적인 휘어짐.
다) 로드선단금구, 타이로드, 볼트류의 느슨함이나 흔들림이 없는가.
라) 로드에 타흔이나 접동 상처가 없는가.
마) 작동상태가 원활한가, 최저작동압력이 상승하고 있지 않은가.
바) 피스톤 속도나 사이클 타임에 변화가 없는가.
사) 동작 단에서 충격이 발생하고 있지 않은가. 이상 음이 발생하고 있지 않은가.
아) 외부 누설이 발생하고 있지 않은가. 특히 로드 패킹부에 주의.
자) 스트로크에 이상이 없는가. 정해진 스트로크 동작을 하고 있는가.
차) 오토스위치의 동작, 체결의 느슨함, 위치가 어긋나 있지 않은가.

1) 실린더 상태에 따른 트러블 외적 판단

외적 판단	원인
로드 표면의 편측만 시커멓게 더러워져 있다	편심하중, 횡하중으로 인한 패킹이 편마모되고 있음
로드 전주에 동작방향으로 작은 접동 상처가 있다.	그리스 부족으로 인한 윤활 불량
로드 표면의 편측에만 접동 상처가 있다.	편심하중, 횡하중으로 인해 로드와 부시가 강하게 부딪혀 상처가 남.
로드의 일부에 직각 방향의 상처가 있다.	실린더 정지 시에 큰 횡하중이 작용하고 있다.
로드 패킹의 에어 누설	상처, 타흔, 편심하중, 외적인 이물질(고체·액체) 등의 원인으로 생각됨.

2) 트러블 슈팅

<표 3-1> 외적 상황의 트러블 슈팅

고장(현상)	원인	대책
작동이 원활하지 않다. 출력이 저하됐다. 작동하지 않는다.	접동부의 그리스 부족	그리스를 추가로 도포해 준다. 다음의 요인으로 판단됩니다. - 드레인 등 수분 투입으로 인한 그리스의 유출 - 급유를 도중에서 중단했음 - 액이 비산하는 환경에서 사용하고 있음
	워크와 실린더 축 또는 워크의 가이드 축과 실린더 축의 심 어긋남	중심 맞춤을 바르게 고쳐 준다. 실린더에 에어를 공급하지 않은 상태에서 무리 없이 움직이는지 확인해 준다. 또한, 플로팅 조인트 사용을 검토해 준다.
	피스톤 로드의 변형	실린더를 교환해 준다. 다음의 요인으로 판단됩니다. - 실린더와 부하의 심 어긋남 - 허용을 넘는 횡하중이 가해짐 - 허용 운동 에너지의 초과 - 부하 설치 시에 무리한 힘이 가해짐
	에어 누설 (패킹의 마모)	패킹을 교환해 준다. 다음의 요인으로 판단됩니다. - 실린더와 부하의 심 어긋남 - 허용을 넘는 횡하중이 가해짐 - 사용온도범위를 초과함 - 그리스 부족 - 이물질의 혼입
	공기압 부족	적절한 압력을 공급해 준다. 다음의 요인으로 판단됩니다. - 원압의 저하 - 감압밸브의 설정 어긋남 - 배관 막힘
작동이 원활하지 않다. 출력이 저하됐다. 작동하지 않는다.	실린더의 출력 부족	사용압력을 올리거나 또는 실린더 내경을 큰 것으로 변경해 준다. 실린더 및 기구의 저항이 있으므로 부하율을 고려할 필요가 있습니다.
	시스템의 구성이 적합하지 않음	배관튜브, 피팅, 방향제어밸브, 스피드 컨트롤러 등 적정 사이즈의 것을 사용해 준다.
	실린더 이외의 기기고장 또는 불량	대조할 시스템을 하나씩 추가하여 조사해 준다. 다음의 요인으로 판단됩니다. -방향제어밸브의 부적합 -스피드 컨트롤러의 조정부족 -스피드 컨트롤러의 부적합 -배관 막힘 -필터의 눈 막힘 등

유공압 제어4 [유지보수]

배관 전의 조치 사항	배관 전에 에어 블로(플러싱)나 세정을 충분히 하여 관내의 절분, 절삭유, 먼지 등을 제거해 준다.
Seal 테이프 감는 법	배관이나 피팅류를 접속하는 경우에는 배관나사의 절분이나 Seal재가 배관 내부에 들어가지 않도록 하십시오. 또한, Seal 테이프를 사용할 경우는 나사 부를 1.5 ~2산 남기고 감아 준다.

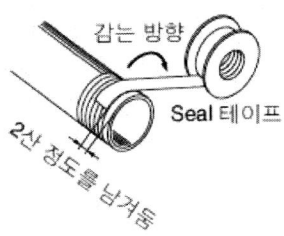

[그림 3-1] 실 테이프 감기

3) 소형 실린더 패킹 교환

1단계: 실린더 분해	1) 외관 청소 분해 시에 먼지나 이물질이 실린더 내에 침입하지 않도록 외관의 이물질을 닦아 준다. 특히 피스톤 로드 표면에는 주의를 기울여 준다.
	2) 스냅링 분리 적절한 플라이어를 사용해 스냅링을 분리해 준다.
	3) 헤드 커버의 분리 피스톤 로드를 헤드 측으로 누르고, 몸체로부터 헤드 커버를 분리해 준다.
	4) 분해 피스톤 로드를 빼냅니다. 그 때, 몸체 내경에 상처가 나지 않도록 주의해 준다.
2단계: 패킹 분리	1) 로드 패킹 몸체 전면에서 정밀 드라이버 등을 꽂아 빼냅니다. 몸체의 패킹 홈에 상처가 나지 않도록 주의하십시오. [그림 3-2] 로드 패킹 교체

	2)피스톤 패킹 피스톤 패킹 홈은 깊으므로, 정밀 드라이버가 아니라 손으로 피스톤 패킹 주위 한쪽을 감싸면서 밀어 내어 들뜬 곳을 잡고 빼냅니다.
	3)개스킷 (아래 그림 참조) 손으로 한쪽을 밀어 내어, 들뜬 곳을 잡고 빼냅니다.  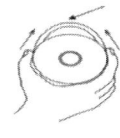 [그림 3-3] 개스킷 교체
3단계: 그리스 도포	1)로드 패킹 및 피스톤 패킹 교환용 패킹의 외주에 고르고 얇게 도포해 준다. 2)개스킷 그리스를 얇게 도포해 준다.  [그림 3-4] 로드 패킹 실린더 패킹
4단계: 패킹 장착	1)로드 패킹 로드 패킹 방향을 틀리지 않도록 장착해 준다. 장착 후에 그리스를 로드 패킹과 몸체 베어링부에 고르게 도포해 준다. 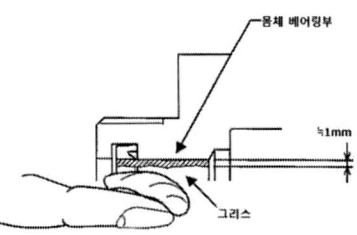 [그림 3-5] 몸체 베어링부
	2)피스톤 패킹 패킹이 뒤틀리지 않도록 장착해 준다. 장착 후에 그리스를 피스톤 패킹 홈부에 도포해 준다.
	3)개스킷 탈락에 주의하여 장착해 준다. 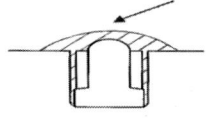 [그림 3-6] 개스켓부

유공압 제어4 [유지보수]

5단계: 그리스 도포	실린더 각 부품 각 부품에 그리스를 도포해 준다. 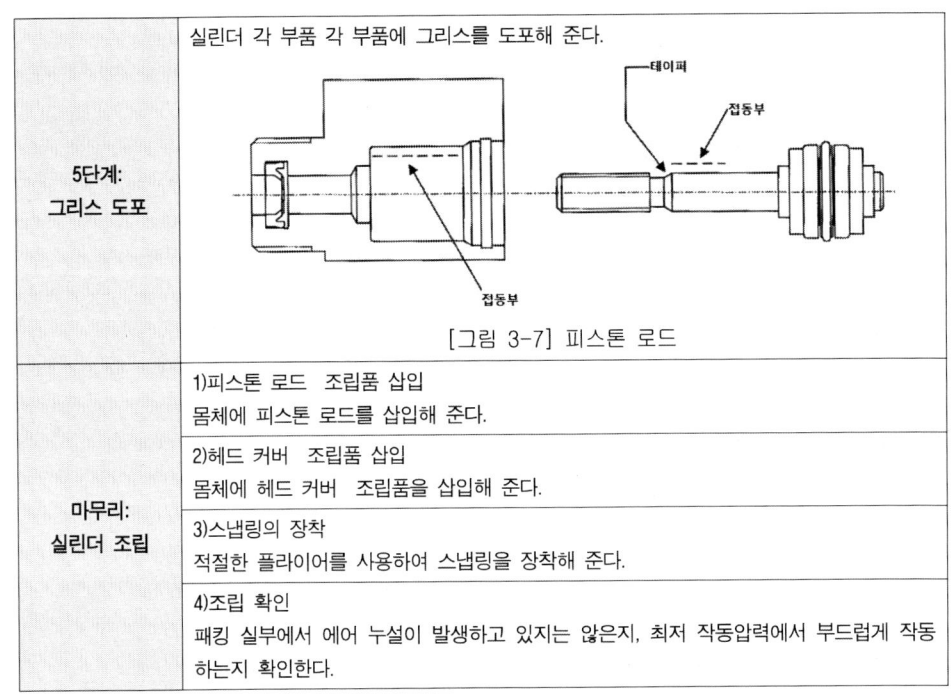 [그림 3-7] 피스톤 로드
마무리: 실린더 조립	1) 피스톤 로드 조립품 삽입 몸체에 피스톤 로드를 삽입해 준다. 2) 헤드 커버 조립품 삽입 몸체에 헤드 커버 조립품을 삽입해 준다. 3) 스냅링의 장착 적절한 플라이어를 사용하여 스냅링을 장착해 준다. 4) 조립 확인 패킹 실부에서 에어 누설이 발생하고 있지는 않은지, 최저 작동압력에서 부드럽게 작동하는지 확인한다.

4) 일반 실린더 패킹 교환요령

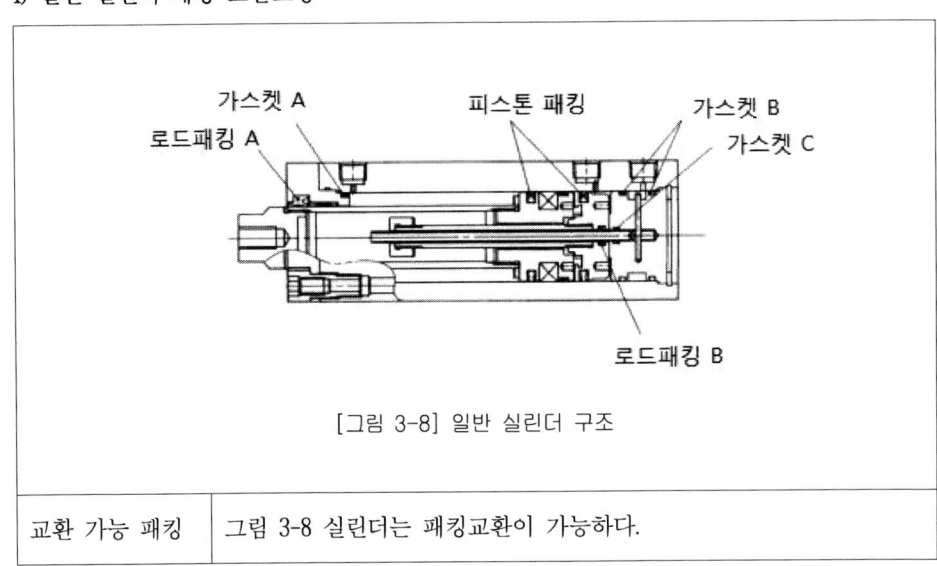

[그림 3-8] 일반 실린더 구조

교환 가능 패킹	그림 3-8 실린더는 패킹교환이 가능하다.

1단계: 실린더의 분해	로드 커버의 분리 피팅 볼트를 풀고, 로드 커버를 분리한다.

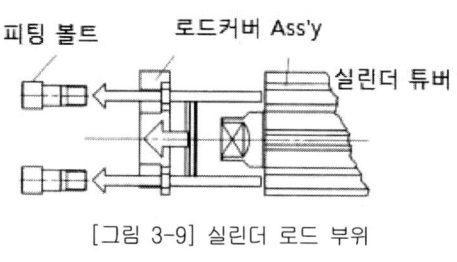

[그림 3-9] 실린더 로드 부위

2단계: 내부 부품의 분리	스냅링을 분리한 후, 로드 측에서 튜브 로드 커버를 삽입하고, 헤드 측에서 내부부품을 빼낸다.

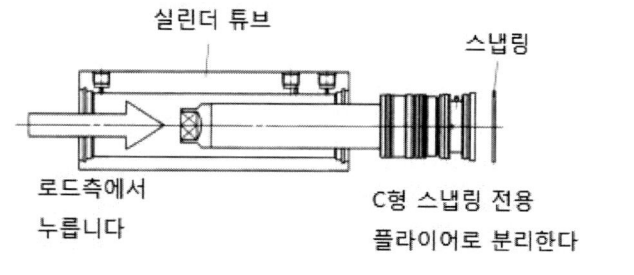

3단계: 헤드 커버 조립품의 분리.	피스톤 로드 부품에서 헤드 커버 부품을 빼낸다.(피스톤 로드 부품은 이 이상의 분해는 할 수 없다.)

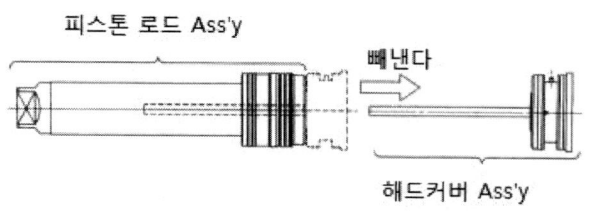

유공압 제어4 [유지보수]

4단계: 헤드 커버에서 평행 핀을 빼내고, 이너 파이프를 분리한다.
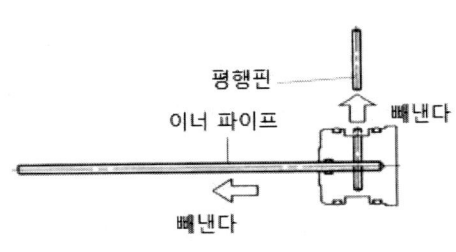

5단계: 로드 패킹의 분리	로드 커버의 앞쪽에서 정밀 드라이버 등을 꽂아 빼낸다. 이 때, 로드 커버의 패킹 홈에 상처가 나지 않도록 주의한다.
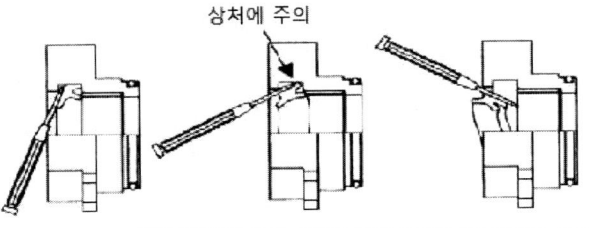	

6단계: 피스톤 패킹의 분리	1) 피스톤 패킹 주변 그리스를 닦아 준다. (피스톤 패킹을 분리하기 쉽다.)
	2) 피스톤 패킹의 홈은 깊으므로, 정밀 드라이버가 아니라, 그림과 같이 피스톤 주위 한쪽부터 감싸고, 누르면서 들뜬 곳을 잡고 빼낸다.
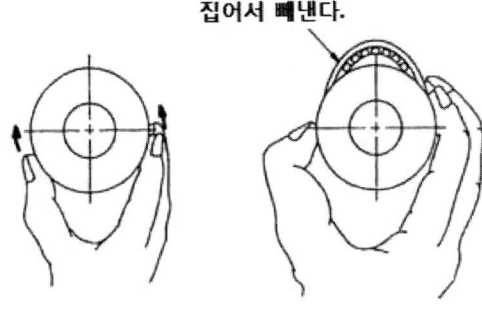	

7단계: 개스킷의 분리	1) 로드 커버 및 헤드 커버 외주의 개스킷: 　피스톤 패킹과 동일하게 손으로 한쪽을 밀어 내듯이 하여 들뜬 곳을 잡고 빼낸다.	
	2) 헤드 커버 내부의 개스킷: 　로드 커버와 동일하게 정밀 드라이버 등을 꽂아 빼낸다. 이 때 로드 커버의 패킹 홈에 상처가 나지 않도록 주의한다.	
8단계: 그리스의 도포	1) 로드 패킹 및 피스톤 패킹: 　교환용 패킹의 전주에 고르게 도포해 준다. 또한, 홈부에는 그리스를 충진해 준다.	
	2) 개스킷 　교환용 개스킷에 그리스를 고르게 도포해 준다.	
	3) 실린더 각부 　실린더 각 부품에 그리스를 도포해 준다.	
9단계: 패킹의 장착	1) 로드 패킹 　패킹의 방향을 틀리지 않도록 장착합니다. 장착 후 그림에 그리스를 패킹과 베어링부에 고르게 도포합니다. 　로드 패킹은 정밀 드라이버 등을 사용하여 도포해 준다. 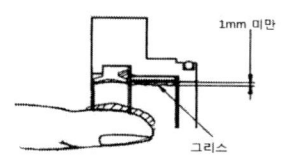	
	2) 피스톤 패킹 　패킹이 비틀림이 없도록 장착해 준다. 장착 후에 그림과 같이 그리스를 패킹 외주부와 패킹 홈의 사이에 문질러 도포해 준다. 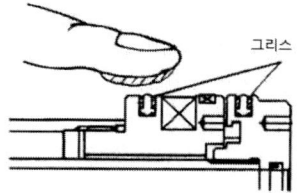	
	3) 개스킷 　개스킷 빠짐에 주의하여 장착해 준다.	

유공압 제어4 [유지보수]

10단계: 실린더의 조립	1) 이너 파이프의 헤드 커버 삽입부에 그리스를 도포한다. 2) 이너 파이프를 헤드 커버에 삽입합니다. (헤드 커버와 이너 파이프의 구멍이 맞도록 한다.) 삽입은 개스킷이 씹히지 않도록 천천히 해 준다. 3) 평행 핀을 헤드 커버, 이너 파이프를 통과시킨다. 4) 이너 파이프를 가볍게 당기고, 헤드 커버에서 빠지지 않는지를 확인해 준다. 5) 이너 파이프에 그리스를 도포한다. 6) 피스톤 로드 조립품에 헤드 커버 조립품 (이너 파이프)를 삽입한다. 삽입은 로드 패킹B가 씹히지 않도록 천천히 해 준다. 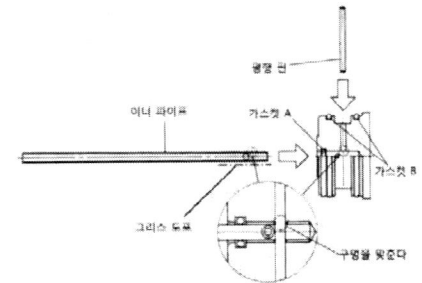

10단계: 실린더의 조립	7) 실린더 튜브 내면 및 튜브 로드, 피스톤a, 피스톤b 외주에 그리스를 도포한다. 8) 피스톤 로드 조립품, 헤드 커버 조립품을 실린더 튜브에 삽입 한다. 삽입은 피스톤 패킹이나 개스킷이 씹히지 않도록 천천히 해 준다. 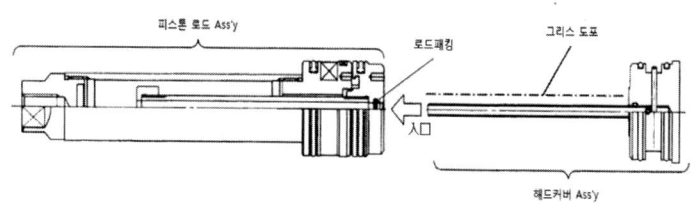 9) 실린더 튜브에 스냅링을 장착하고, 헤드 커버를 고정한다. 10) 로드 커버 안측의 부시 내면에 그리스를 도포한다. 11) 로드 커버 조립품을 실린더 튜브에 장착합니다. 로드 패킹a가 씹히지 않도록 천천히 장착해 준다. 12) 피팅 볼트를 실린더 튜브에 체결하고, 로드 커버를 고정한다. 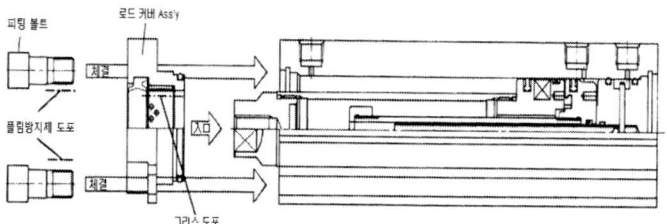 이상, 조립이 끝나면 패킹, 실부에서 에어누설이 없는지, 최저 작동압력으로 원활하게 작동하는지 확인해 준다. 피팅 볼트의 체결토크는 표를 참조해 준다. | 튜브내경(Mm)	호 칭	체결토크(N · M)
---	---	---
32	M8×0.75	6.2
40	M8×0.75	6.2
50	M10×0.75	15.6
63	M12×1.0	21.0	

유공압 제어4 [유지보수]

3-3 서비스 유닛

1) 에어 필터 점검사항

1차 측과 2차 측의 압력강하가 0.1Mpa에 도달했을 때. 또는 압력차가 발생하지 않더라도 사용 후 2년이 되었을 때, 교환해 준다.

<표 3-2< 에어 필터 점검사항

항목	점검 부위	내용
에어 필터	1)외부 누설, 케이스의 파손 체크	케이스의 크랙, 균열은 케이스 파열로 이어지는 매우 위험한 상태이므로 신속히 교환하고, 원인을 조사해 준다. 또한, 내부 상태를 확인할 수 없을 정도로 더러워진 경우에는 중성세제로 세정합니다. 용제나 기계용 세정액을 사용하지 마십시오.
	2)드레인 배출기구의 작동점검	배출기구가 문제없이 작동하는지, 수동 타입의 경우에는 정기적인 배출이 행해지고 있는지 확인합니다. 드레인 발생이 이상하게 많은 경우는 상류 측의 청정화기기에 문제가 발생하고 있을 경우가 있습니다. 배출기구가 문제없이 작동하는지, 수동 타입의 경우에는 정기적인 배출이 행해지고 있는지 확인합니다. 드레인 발생이 이상하게 많은 경우는 상류 측의 청정화기기에 문제가 발생하고 있을 경우가 있습니다.

<표 3-3> 압력 조절기 점검사항

설비 기동 시 설정압력을 체크하고, 규정압력에서 벗어나 있는 경우에는 원인을 조사합니다. 또한, 정기점검에서는 하기 사항에 주의합니다.	
1)밸브 본체부의 작동점검	그리스 추가 도포(밸브 가이드 포함)
2)밸브 스프링 기능 조사	그리스 추가 도포 녹이나 파손, 스프링 탄성이 약해졌는지 체크한다.
3)릴리프 기능의 체크	설정을 상하로 조정해 본다.

<표 3-4> 윤활기 점검사항

점검 사항	1) 윤활 적하량의 점검, 설비 작동 시에 한다. 2) 케이스 내의 기름의 상태 체크, 드레인의 혼입이 없는지, 케이스 내의 에어 누설, 2차 측 에어의 역류가 없는지 확인한다.

2) 서비스 유닛 상세 점검

<표 3-5> 에어 필터·오토 드레인 고장 및 대책

고장(현상)	요인	대책
압력강하가 커서 유량이 흐르지 않음.	엘리먼트가 눈막힘 되어 있다	엘리먼트를 교환해 준다.
케이스와 몸체 사이에서에어가 샌다.	케이스 원형 링이 파손되어 있다	케이스 원형 링을 교환해 준다. 케이스 원형 링에 그리스 추가 도포한 후 조립해 준다.
케이스에서 에어가 샌다.	케이스가 파손되어 있다.	케이스 조립품을 교환 또는 금속 케이스로 교환해 준다.
드레인콕에서 에어가 샌다.	드레인콕의 밸브부에 이물질이 끼어 있다.	드레인콕을 수 초간 열어 블로해 준다.
	드레인콕의 시트부가 파손되어 있다.	케이스 조립품을 교환해 준다.
드레인콕을 열어도 드레인을 배출하지 않는다.	드레인콕의 배출구가 고형 이물질에 의해 눈막힘되어 있다.	케이스 조립품을 교환해 준다.
출구 측의 배관에 드레인이 이상하게 나온다.	드레인의 액면이 버플 이상으로 도달해있다	드레인콕을 열어 드레인을 배출하고 엘리먼트를 교환해 준다.

<표 3-6> 레귤레이터 고장 및 대책

고장(현상)	요인	대책
압력을 조정할 수 없다.	흐름방향에 대해 제품이 반대로 설치	역류방향을 확인하여 반대로 되어 있으면, 재 설치해 준다.
	밸브 스프링이 파손되어 있다.	밸브 스프링을 교환해 준다.
	밸브 시트부 또는 밸브 원형 링에 이물질이 끼어 있다.	※1)밸브 가이드를 분리하고, 밸브, 밸브 시트부 및 밸브원형 링을 세정해 준다. 또한, 세정후 밸브 원형 링부와 접동부에 그리스를 도포해 준다.
	밸브의 고무 라이닝면이 손상되어 있다.	밸브를 교환해 준다.
	체크 밸브의 시트부에 이물질이 끼어 있다.	체크 밸브 조립품을 교환해 준다.
핸들을 풀어도 설정 압력이 제로가 되지 않는다.	밸브 시트부 또는 밸브 원형 링에 이 물질이 끼어 있다.	※1 과 같이한다.
	밸브의 고무 시트면이 파손되어 있다.	밸브를 교환해 준다.
	밸브 스프링이 구부러져 있다.	밸브 스프링을 교환해 준다.
	밸브가 고착되어 있다.	밸브 원형 링 접동면의 세정 및 그리스를 추가 도포해 준다.
	체크 밸브의 시트부에 이물질이 끼어 있다.	체크 밸브 조립품를 교환해 준다.

고장(현상)	요인	대책
보닛의 배기 구멍에서 에어가 새어 나온다.	다이어프램이 파손되어 있다.	다이어프램 조립품을 교환해 준다.
	피스톤 패킹이 파손되어 있다.	피스톤 조립품의 교환 또는 세정해 준다. 또한 피스톤 패킹과 접동면에 그리스를 도포해 준다.
	배기 밸브의 시트부에 이물질이 끼어 있다.	배기 밸브의 시트부를 세정 또는 다이어프램 조립품을 교환해 준다.
	밸브의 시트부 또는 밸브 원형 링에 이물질이 끼어 있다.	※1 과 같이한다.
	밸브의 고무 시트면이 파손되어 있음	밸브를 교환해 준다.
	2차측에 설정압력을 넘는 배압이 가해지고 있다.	설정압력을 넘는 배압이 가해지지 않도록 에어 회로를 재검토.

<표 3-7> 윤활기 고장 및 대책

고장(현상)	요인	대책
공기가 흐르고 있는데 적하하지 않는다.	1)기기가 똑바로 접속되어 있지 않습니다.	1)기기의 In과 Out 또는 화살표시를 확인하고, 틀린 경우에는 다시 접속해 준다.
	2)케이스 안의 기름이 없어지고 있다.	2)기름을 보급해 준다.
	3)에어 소비유량이 부족하다.	3)사용유량에 맞는 적하 최소 유량의 루브리케이터를 선정해 준다.
	4)댐퍼가 파손되어 있다.	4)댐퍼 조립품을 교환해 준다.
	5)유량 조절 밸브가 닫혀 있다.	5)유량 조절 밸브를 열어 준다.
	6)케이스부 또는 급유 플러그에서 에어가 샌다.	6)케이스 원형 링 또는 급유 플러그 조립품을 교환해 준다.
	7)엘리먼트가 눈막힘되어 있다.	7)댐퍼 리테이너 조립품을 교환해 준다.
	8)적하창부에서 에어가 새고 있다.	8)적하창 조립품을 교환해 준다.
기름방울 내에 기포가 섞여있다.	1)도유관의 실이 손상되어 있다.	1)댐퍼 리테이너 조립품을 교환해 준다.
	2)케이스내의 기름이 없어지고 있다.	2)기름을 보급해 준다.
적하창부에서 에어 또는 기름이 샌다.	1)적하창이 파손되어 있다.	1)적하창 조립품을 교환해 준다.
	2)원형 링이 파손되어 있다.	2)적하창 조립품을 교환해 준다.
급유 플러그부에서 에어가 샌다.	1)원형 링이 파손되어 있다.	1)급유 플러그 조립품을 교환해 준다.
케이스와 몸체 사이에서 에어가 샌다)	1)케이스 원형 링이 파손되어 있다.	1)케이스 원형 링을 교환해 준다. 케이스 원형 링에 그리스를 추가 도포한 후, 조립해 준다.
케이스에서 에어가 샌다	1)케이스가 파손되어 있다	1)케이스 조립품을 교환 또는 금속 케이스에 교환해 준다

<표 3-8> 에어 필터 분해 조립 순서

작업구분	작업순서
분 해	1) 케이스 조립품을 분리한다 손으로 케이스 조립품을 잡고 좌회전 시켜 분리합니다 견고한 경우에는 처음에만 훅 스패너를 사용하여 푼 후 손으로 분리해 준다 2) 십자구멍부착 냄비머리 작은 나사, 버플, 엘리먼트, 전향 장치를 분리한다. 십자구멍부착 냄비머리 작은 나사 (+) 드라이버로 좌회전시키면 십자구멍부착 냄비머리 작은 나사와 버플, 엘리먼트, 전향 장치를 분리할 수 있다.
조 립	1) 전향 장치를 장착합니다. 장착방향 (凹측에 엘리먼트가 들어가는 방향) 에 주의하고 몸체 조립품에 고정한다. 2) 엘리먼트를 장착합니다. 전향장치의 凹부에 엘리먼트를 삽입한다 3) 버플을 장착한다 장착방향 (凸부에 엘리먼트가 들어가는 방향) 에 주의하여 엘리먼트에 삽입한다. 4) 십자구멍부착 냄비머리 작은나사를 체결, 버플, 엘리먼트, 전향 장치를 고정한다. 십자구멍부착 냄비머리 작은 나사를 (+) 드라이버로 우회전 시키고, 십자구멍부착 냄비머리 작은 나사 버플, 엘리먼트, 전향장치를 고정합니다. 이 때 체결토크는 우측의 관리항목을 참조해 준다. 5) 케이스 조립품을 부착한다 손으로 케이스 조립품을 잡고 우회전시켜 체결합니다. 케이스가 깨지므로 공구 등은 사용하지 마십시오. 손 체결이 토크는 우측의 관리항목의 참고 체결토크 정도입니다

(몸체, 케이스 O-ring, 엘리먼트 가이드 Ass'y, 필터 엘리먼트, 버플, 케이스 Ass'y)

3-4 윤활 장치의 트러블 대책

<표 3-9> 윤활상의 고장 원인

구 분	고장 원인
윤활제면	① 부적격 윤활제 사용 ② 윤활제의 열화와 오탁 ③ 오일 누설 ④ 성질이 다른 윤활제와의 혼합
마찰면	① 마찰면의 재질 불량 ② 마찰면의 작용 불량 ③ 마찰면의 과도한 작용 ④ 마찰면의 마모에 의한 기계 부분의 간격이 커짐 ⑤ 그 밖의 녹 발생

유공압 제어4 [유지보수]

작업면	① 급유 작업 부주의 ② 과잉의 급유 또는 과소한 급유 ③ 급유 기간이 너무 느리거나 빠름 ④ 플러싱 불충분 ⑤ 작업상의 움직임과 충격에 의한 무게
급유 방법면	① 급유 방법의 설계 불량에 의한 부적 ② 급유 장치 고장
환경면	① 전도열이 높은 경우 ② 마찰면의 방열이 불충분한 경우 ③ 불순물 혼입 ④ 기온에 의한 현저한 온도 변화 ⑤ 뜨거운 물, 산의 증기, 염분 등

<표 3-10> 압축기의 윤활 고장 대책

문제점	원인	대책
토출 밸브에 카본의 부착이 많다	유소비 과다 압축기유 부적	적정 급유량으로 조정 유압 조정 밸브 조정 적정 오일 레벨로 조정 적정 점도유 선정
다단 압축기에서 2단 이후의 토출 밸브에 카본 부착량이 많다	전단의 유분리가 불충분(반복 사용)	고성능인 유분리기 채용 드레인 트랩의 점검 및 청소
토출 배관계의 발화 및 폭발	토출 배관의 볼트부나 쿨러 입구 등에 카본이 퇴적고온 및 고압의 조건에서 카본에 스며든 윤활유가 산화반응열의 축적에 의한 자연 발화, 특히 무부하, 경부하 운전의 경우에 발생하기 쉽다	고온 토출관 내에서 윤활유의 흐름이 멎지 않게 한다 설비 및 구조상의 대책 - 필요 유속 유지 - 고온 공기 부분에 볼트 등을 설치하지 않는다 - 애프터 쿨러를 압축기 토출구 부근에 설치한다
드레인 트랩의 작동 불량	드레인 수와 열화유에 의한 에멀션 생성 드레인유의 이상 열화에 의한 점도 상승	항 유화성이 우수한 압축기유 사용 전동식 드레인 트랩 사용
피스톤 링 및 실린더의 이상 마모	급유 부족	적정 급유량으로 조정/유압 조정 밸브 조정 섹션 필터의 점검 및 청소/메탈 교환 누유부의 점검 및 수리 적정 레벨까지 오일 보충
	급유관 막힘	주기 토출 밸브, 역지 밸브 점검 급유관을 강관 등으로 교체
	점도 부족	적정 점도유 선정
	실린더 내의 이물질 침입	실린더 내 청소

3-5 공압 3점 세트의 오일러 고장 대책

공압 장치의 액추에이터, 방향 전환 밸브 등의 밸브류에는 많은 습동 부분이 있고, 이 부분의 윤활은 기기의 성능과 수명 상 매우 중요하다. 밸브나 액추에이터 중에는 무윤활 제품이라는 것도 있으나, 윤활을 하면 수명은 더 연장된다는 것은 말할 필요도 없다.

<표 3-11> 공압 3점 세트의 오일러 고장 대책

고장원인	대책
유분이 적당하지 않는다	가) 필요한 차압이 발생하지 않는다 나) 부착이 반대로 되어 있나 확인한다 다) 유로가 막혀 있나 확인한다 라) 유로로 유입되는 공기 통로 입구 막힘
유분을 조정할 수 없다	유량 조정 나사 불량
오일러에서 공기가 누설된다	가) 유량 조절기 고장 나) 실, 패킹 파손, 보호 글라스 파손

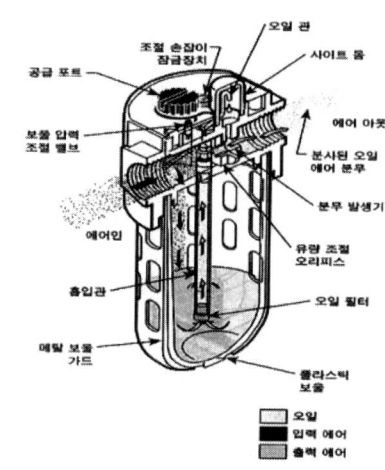

[그림 3-10] 오일러 구조

1) 윤활의 조정 : 1방울/min 또는 0.5~5방울/1,000리터
2) 윤활의 양 검사
   ① 공압 배관에서 에어 건을 연결
   ② 10cm 거리에 흰색 카드 설치
   ③ 약 10초 분사하였을 때
   ④ 카드의 색이 노란색으로 변색하지 않아야 함
3) 통과 공기 유량 Q와 전후 차압 △P와의 관계는
   $Q = k \sqrt[2]{\Delta p}$ (K : 비례 정수)로 표시된다
   (6Bar에서 공기량 20리터/min 이상에서 윤활)
4) 공기 1,000리터당 1~10방울

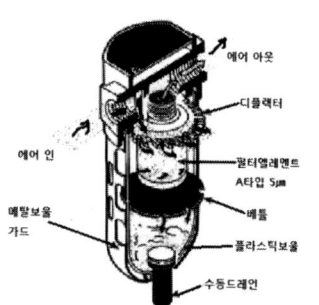

[그림 3-11] 에어 필터

1) 30~70㎛의 메시 사용
   (허용차압 : 40~60Kpa)
   케이스 내의 드레인 양에 따라 플로트가 부력으로 점점 상승하여 드레인 노즐이 열림

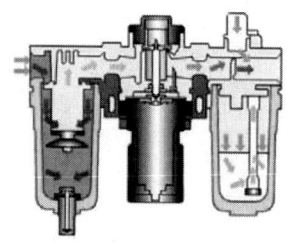

[그림 3-12] 3점 셋트

유공압 제어4 [유지보수]

1-3 교수방법 및 학습활동

교수 방법

강의 및 문제 해결법
- 공압 실린더 구조 및 관리 항목을 설명한다. 이 때 이미 학습한 내용에 대하여 명칭과 기호 및 기능 등에 대하여 보충 설명을 할 수 있도록 한다.
- 공압 서비스 유닛, 밸브에 관한 카탈로그 준비해서 보는 방법을 제시하고 제조회사별로 취급사항을 읽어보고 의문점을 질의응답 한다.

학습 활동

사전 지식 평가
1) 공압 밸브를 나열해 보게 한다.
2) 공압 3점 셋트의 구성을 설명하게 한다.

관련 지식 전달
- 공압 실린더 고장 사례를 예를 들고, 조사하여 발표하도록 한다.
- 공압 3점 유닛, 밸브 등에 관한 점검 사항을 조별로 조사하도록 하여 발표한다.

단원명 1 유지 보수

1-3 평가

평가 시점

- 구조적 내용과 기능에 대하여 서술형과 발표형으로 나누어 평가 실시
- 점검, 문제해결 능력을 조원끼리 협동에 대하여 평가자 체크리스트를 이용한 평가 실시

평가 준거

평가자는 피평가자가 수행 준거 및 평가 내용에 제시되어 있는 내용을 성공적으로 수행할 수 있는지를 평가해야 한다. 평가자는 다음 사항을 평가해야 한다.

평가영역	평가항목	성취수준				
		잘모른다	미흡하다	보통이다	알고있다	잘알고있다
공압 실린더 선정 및 점검	공압 실린더 선정요령					
	윤활 장치 트라블 대책					
	공압 3점 셋트 고장발생 사례 및 수리					

평가 방법

평가영역	평가항목	평가방법
공압 실린더 선정 및 점검	공압 실린더 점검 및 수리	서술형시험 평가자 체크리스트
	공압 실린더 종류 설명	
	공압 3점 세트 고장대책 설명	

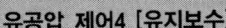

피드백

1. 서술형시험
   - 평가 결과 일정 점수 이하인 학생들은 일정시간 추가 학습 후 재평가한다.

2. 평가자 체크리스트
   - 평가 결과 일정 기준에 미달한 학생들은 학습자 멘토를 정하여 추가학습 후 재평가한다.

단원명 1 유지 보수

실기 내용　공압 실린더 및 공압 3점 셋트

1. 공압실린더 및 공압 3점 셋트

   (1) 공압 실린더 점검사항을 아는 데로 나열하고 설명하세요?
   - 공압 실린더 외적 판단
   - 공압 실린더 출력 저하 등

   (2) 일반 실린더 패킹 교환 방법을 쓰고 직접 교환 하세요?
   - 실린더 분해 순서
   - 실린더 패킹 규격 및 종류

   (3) 서비스 유닛 교환 및 고장대책 쓰고 분해 조립 하세요?
   - 필터
   - 오일러
   - 압력 게이지

유공압 제어4 [유지보수]

장비 및 도구, 소요재료

1. 장비 및 공구

   실린더 분해 가능한 실습 장치, 토크랜치, 스크류 드라이브, 플라이어, 베어링 플리, 바이스

2. 소요재료

   서비스 유닛, 필기 노트

안전유의사항

1) 수공구 사용 시 주의 사항

   - 작업에 알맞은 적절한 공구를 선택하여 사용한다.
   - 공구의 용도에 알맞게 사용해야 한다.
   - 공구에 묻어 있는 기름이나 이물질을 제거하고 사용한다.
   - 공구의 마모상태를 확인하고 사용한다.
   - 작업장 주위를 정리 정돈한 후 작업한다.
   - 공구를 보관할 때에는 지정된 장소에 보관한다.

2) 렌치 및 스패너 사용 시 주의 사항

   - 볼트나 너트의 치수에 꼭 맞는 것을 사용한다.
   - 파이프 등의 연장대를 끼워 사용하지 않는다.
   - 렌치나 스패너를 해머로 두드리거나, 해머 대용으로 사용해서는 안된다.
   - 조정 렌치를 사용할 경우에는 조정 조에 힘이 가해지지 않는 방향으로 사용한다.
   - 사용 후에는 마른 헝겊으로 닦아서 보관한다.

3) 줄 작업 시 주의 사항

   - 줄 작업의 높이는 작업자의 팔꿈치 높이로 한다
   - 작업 전 줄의 균열 유무를 점검하고 작업한다
   - 작업 자세는 허리를 낮추고 몸의 안정을 유지하면서 전신을 이용한다
   - 줄눈이 메워지면 와이어 브러시로 털어낸다
   - 줄 작업은 앞으로 밀 때만 압력을 가하여 작업한다

4) 톱 작업 시 주의 사항

   - 톱날을 끼울 때는 이의 방향이 전진 방향을 향하도록 끼운다.
   - 절단이 끝날 무렵에는 힘을 알맞게 조절한다.

단원명 1 유지 보수

- 철재 봉이나 파이프 등은 삼각 줄로 안내 홈을 파고난 후 작업한다.
- 한손은 손잡이를 잡고 다른 한손은 프레임 끝부분을 잡은 다음 전진할 때 압력을 가해 공작물을 자른다.

5) 해머 작업 시 주의 사항

- 해머의 타격면이 찌그러진 것은 사용하지 않는다.
- 쐐기를 박아 손잡이가 튼튼하게 박힌 것을 사용한다.
- 장갑을 끼거나 기름이 묻은 손으로 작업하지 않는다.
- 해머를 휘두르기 전에 주위를 살피고, 사용 중 해머와 손잡이를 자주 점검한다.
- 좁은 곳이나 발판이 불안한 곳에서는 작업하지 않는다.
- 작업 중 파편이 튀거나 불꽃이 발생할 수 있는 경우는 보안경을 착용하고 작업한다.

관련 자료

1. 관련자료

   - 공압 실린더 종류
   - 서비스 유닛 제품 카탈로그

유공압 제어4 [유지보수]

1-4 유압 공압 시스템의 유지보수

교육훈련 목 표	• 공압시스템의 특성을 알고 문제에 따라 조치할 수 있다. • 공압시스템 점검 개선 할 수 있다. • 공압 밸브 종류를 알고 정기점검 할 수 있다.

필요 지식   공압 시스템, 공압 타이머, 공압 밸브, 압축공기 배관

공압 시스템에 사용되는 각각의 공압 요소를 살펴보면 놀랄만한 내구성과 동작회수를 지니고 있다. 이것이 공압 실린더의 큰 장점이다. 공압 요소는 일반적으로 극히 견고하고 지속적으로 사용될 수 있도록 설계되어 있으나 이를 위해서는 올바른 선택과 요소의 크기 적절한 선정 그리고 무엇보다도 깨끗한 공기의 준비가 필요하다. 공압 부품의 고장에 대해서 쉽게 접근될 수 있도록 배관이 되어야 한다.

이러한 것은 회로도 설계 당시부터 필요하며 가능한 공압원에서부터 직접 배관하는 것이 좋다. 그렇게 해야 압력 강하로 인한 오동작을 최소한도로 줄일 수 있는 것이다. 제어 시퀀서 감시기능도 필요하다. 각 단계의 작업이 이루어 질 때마다 외부에서 눈으로 확인할 수 있는 간단한 장치를 부착하게 되면 콘트롤 박스(Control Box)에서 문제가 발생되었을 경우 고장을 빨리 발견할 수 있다. 또한 정지 기능과 시동 조건도 외부에서 확인할 수 있도록 해주면 복잡한 제어장치의 고장발견 시간을 대폭 절약할 수 있다. 근래에는 솔레노이드에 이용 가능한 LED 지시기 등이 상품화 되어 있으므로 각 부품의 이상 유무를 직접 확인 할 수 있다. 갑작스런 압력 강하로 인한 부정확한 스위칭으로 부품이 고장 난 것처럼 보일 수고 있으므로 충분한 주의를 요한다. 따라서 적은 비용으로 압력을 감시할 수 있는 기능도 필요하게 된다. 무엇보다도 고장을 빨리 발견하고 조치를 취해주려면 회로도가 알기 쉬운 형태로 그려져야 하고 배관도 역시 깨끗하고 가지런히 되어서 컨트롤 박스(Control Box) 배치도와 회로도가 잘 일치되어 이해하기 쉽도록 되어야 하며 사용되는 부품도 쉽게 교체 가능한 범용 제품들을 사용되어야 한다.

4-1 오동작 및 고장

오동작 및 고장은 다음과 같은 상태 하에서 일어날 가능성이 크다.
- 공압 부품과 배관의 자연 마모 및 손상은 외부 환경영향과 압축공기 상태에 의해서 상당히 가속화 된다.
- 부품 마모는 기능 장애, 공압의 누설, 부품의 파손을 야기할 수 있다.
- 오염된 공기는 공압 부품 내부의 마모를 증가시키고 막힘 폐색 등에 의한 기능장해를 일으킬 수 있다.
- 배관은 내, 외부 환경요인에 의해서 막히거나 갈라지거나 구부러질 수 있다.
- 이물질들이 쌓이면 배관이나 공압 부품에서 저항을 받아 압력강하와 그로인한 부정확한 스

위칭이 발생될 수 있다. 부정확한 스위칭은 누설에 의한 압력강하나 공급압력의 맥동현상으로도 일어날 수 있다. 필터가 막혀서 충분한 압력을 공급하지 못할 때에도 역시 부정확한 스위칭이 발생될 수 있다.
- 실린더에 부정확한 휘팅이나 과부하에 의해서도 초기마모가 발생될 수 있다.
- 리밋 스위치가 정확히 부착되어 있지 않거나 신호배관이 너무 긴 경우에도 오동작이 발생될 수 있다. 따라서 맨 처음에는 계획을 세워 제어 시퀸스를 꾸밀 때에는 충분한 검토를 하여야 한다. 비용 면에서는 약간 더 비싸질 수 있으나 오동작의 빈도수를 낮추어 주고 고장을 훨씬 더 감소시켜 줄 수 있다.

다음은 중요한 예방방법으로는?
1) 주변 환경 조건과 제어 시퀸스에 잘 조화되는 올바른 부품을 사용하여야한다. 즉, 각 부품들에 대한 기술적인 자료를 충분히 검토하다.
2) 큰 부하나 측면 부하가 걸리는 곳에서는 적절한 마운팅 형태를 선택하고 견고한 실린더를 사용한다.
3) 가속도가 큰 경우에는 완충장치를 달아 작동력을 흡수하도록 한다.
4) 실린더와 신호입력요소의 마운팅 조절나사는 정확하게 고정하도록 한다.
5) 신호의 지연을 방지하기 위해서 배관을 가능한 짧게 하도록 한다.
6) 제어 및 파워 밸브의 배기는 보장되게 한다.

4-2 공압 시스템에서의 고장

일반적으로 초기고장이 배제된 경우 공압 시스템은 고장 없이 일정시간은 잘 동작된다. 초기에 약간 마모가 되어있는 상태라도 수 주나 수 개월 동안은 눈에 잘 띄지 않는다. 마모의 효과나 결함이 그 부품에 직접적으로 영향을 미치지 않은 경우에는 발견하기 쉽지 않다. 첫 번째 문제는 이러한 원인들로 인하여 제어 시퀸스에 오동작이 발생되는 것이다. 앞에서 오동작 원인과 예방법에 대해서 기술하였지만 그것이 일어날 수 있는 모든 상황은 아닌 것이다. 여기서 언급된 것은 빈번하게 일어날 수 있는 오동작과 공압 시스템에 국한한 것이다. 아주 복잡한 제어 시스템에서도 여러 가지 자료의 도움을 받아 작은 부분으로 잘 분류해서 상세히 분석하는 것이 필요하다. 작업자는 고장을 즉시 제거할 수 있어야하고 적어도 이러한 원인을 밝혀 두어서 재발생 시 대비해야한다. 서비스 엔지니어가 필요한곳에서는 고장원인을 서비스 엔지니어가 대부분 알고 있고 특수공구 및 여유부품들이 준비되어 있으므로 쉽게 해결할 수 있지만 작업자가 전화상으로 기본 상황 등을 미리 통보해 주는 것이 바람직하다. 공기가 충분히 공급되지 않은 상황에서 공기 시스템의 단면이 갑자기 커지면 오동작이 자주 일어나게 된다. 이러한 오동작은 계속적으로 일어나는 것이 아니고 산발적으로 일어나는 것이기 때문에 고장의 원인을 찾는데 어려움이 많게 된다. 이러한 상황이 발생되면 갑작스런 압력강화로 실린더가 제힘을 발휘할 수 없을 뿐만 아니라 파워 밸브 오동작으로 작동 시퀸스가 바꾸어 질 수도 있다. 배관의 오염이나 공기의 누설로도 에러가 발생될 수 있다. 배관의 직경이 20% 감소하게 되면 압력강하

유공압 제어4 [유지보수]

는 2배로 커지므로 주의해야 한다. 압축공기 중의 준비단계에서도 언급했지만 압축공기 중의 수분이 제거되어야 한다. 실제로 압축공기중의 수분이 많아지면 어떻게 되는가? 수분으로 인한 부식작용으로 손상을 입는 것을 제외한다 치더라도 밸브에 있어서 상당한 악영향을 미친다. 즉 밸브가 한 제어위치에서 상당히 오랜 시간동안 머물러있는 경우에는 고착을 일으켜 제대로 동작이 일어나지 못하게 만든다. 특히 윤활유와 섞여서 이멀젼(Emulsion) 상태가 되거나 수지(Resin)형태가 되어 밸브의 동작을 어렵게 만들기 때문에 주의하여야 한다. 배관에서 주의할 점은 배관이 되기 전에 반드시 배관내부를 청소시켜 주어야 한다. 그렇지 않으면 배관의 연결 작업이나 용접 작업 시 생기는 이물질들(밀봉테이프, 용접슬래그, 파이프 녹, 나사 낼 때 찌꺼기) 등이 공압 시스템 내로 유입되어 악영향을 미치게 된다. 이러한 물질들이 일으키는 영향을 정리하면 다음과 같다.

- 슬라이드 밸브고착
- 포펫 밸브의 시트에 눌어붙어 계속적인 누설발생
- 유량제어 밸브의 환형 노즐에 달라붙어 정밀한 속도제어를 방해하고 시간이 경과할수록 실린더 속도에 영향을 줄 수 있다.

4-3 공압 타이머에서 고장

기능이상	제어신호가 있음에도 불구하고 출력신호가 나오지 않는다
원인	제어라인에서 공기의 누설이 있을 가능성이 크다. 유량조절용 밸브 조절나사를 완전히 열고 공기 새는 소리를 확인하고 공기가 새지 않으면서 밸브제어위치가 전환되지 않으면 밸브가 고착되어 있을 가능성이 크다

기능이상	장시간 사용되고 있지 않고 있다가 작동되면 시간지연이 평상시보다 상당히 길다
원인	오랜 시간 동안 사용되지 않으면 제어라인을 작동시켜주는 제어피스톤이 고착하려는 경향이 있다. 이는 정 마찰로 인해 밸브를 전환시키는데 더 큰 압력이 필요하기 때문이다. 이러한 기능이상은 타이머가 수회 작동하면 살아지는 경우가 있다

[그림 4-1] 타이머 회로

4-4 밸브 부위 고장

기능이상	배기공 R 과 S 에서의 에어누설
원인	• 피스톤 실에서 누설 • 밸브 내부의 스플이 중간위치에서 고착되어 있을 경우

기능이상	피스톤 속도를 더 이상 제어할 수 없다
원인	• 유량제어 밸브에서 환형노즐이 막힌 경우나 체크밸브에서 누설되는 경우

기능이상	제어신호가 없어진 후에도 피스톤이 후진되지 않는다
원인	• 밸브의 제어위치가 전환되지 않는다 • 복귀 스프링이 파손되었거나 밸브 내에 스플이 고착되었다 • 파이롯 부가 고장 났다. 예: 파이롯 부의 밸브 시트가 누설된다 • 파이롯 부의 배기공이 막혔다

기능이상	제어신호가 존재함에도 실린더가 전진운동을 하지 않는다
원인	• 솔레노이드 코일이 파손되었다. 이때에는 공칭전압과 입력전압의 차이를 비교해본다. 또는 아마추어가 작동하지 않은 경우이다 • 파워라인 P 로부터 파이롯 부에 뚫려있는 라인이 막혀있다 • 밸브에서 파이롯트 피스톤이 움직이지 않는다 • 파이롯 밸브와 주 밸브사이에 실링이 손상되었다 • 파이롯 부의 압력이 밸브를 전환시킬 만큼의 힘이 입력되지 못했다

기능이상	전압이 걸려있는데도 아마추어가 움직이지 않는다
원인	• 아마튜어가 고착되거나 전압이 매우 높을 때 또는 주변온도가 너무 높아 솔레노이드 코일이 소손된 경우 • 전압이 너무 낮은 경우

기능이상	AC 전압이 걸렸을 때 솔레노이드에서 윙윙 소리가 난다
원인	• 아마튜어가 완전히 끌리지 않게 되면 소리가 나게 된다. 이때 솔레노이드에서 약간 열이 나게 되는데 적절한 조치를 취해주면 완전히 고칠 수 있다. 솔레노이드 액추에이터 주위에 얇은 구리선을 감아주면 일시적인 수습이 될 수 있다

유공압 제어4 [유지보수]

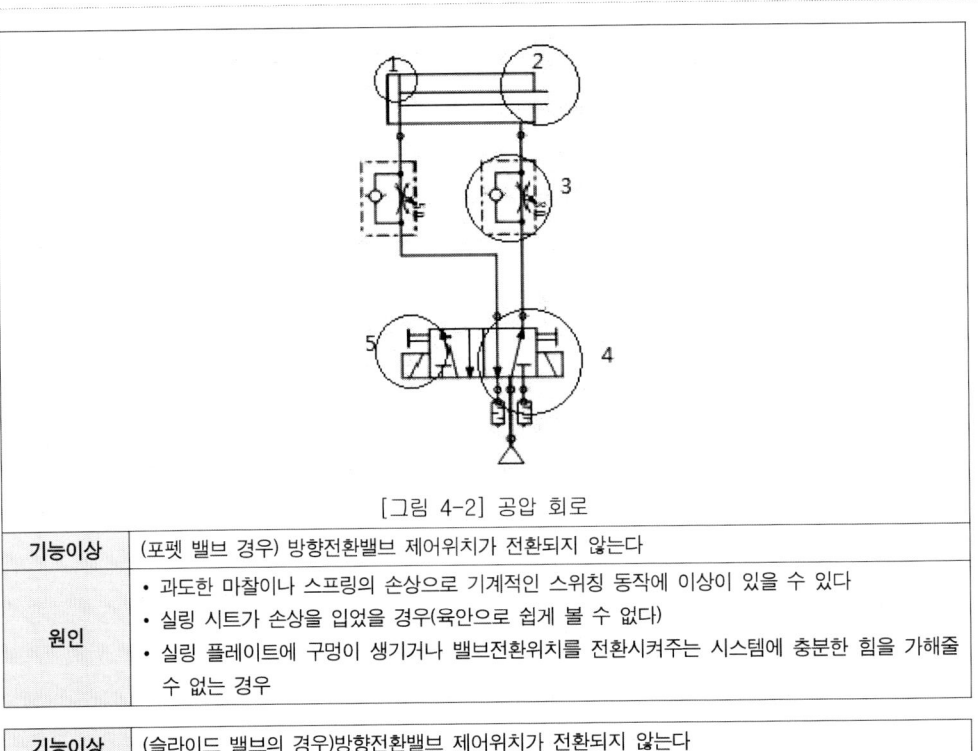

[그림 4-2] 공압 회로

기능이상	(포펫 밸브 경우) 방향전환밸브 제어위치가 전환되지 않는다
원인	• 과도한 마찰이나 스프링의 손상으로 기계적인 스위칭 동작에 이상이 있을 수 있다 • 실링 시트가 손상을 입었을 경우(육안으로 쉽게 볼 수 없다) • 실링 플레이트에 구멍이 생기거나 밸브전환위치를 전환시켜주는 시스템에 충분한 힘을 가해줄 수 없는 경우

기능이상	(슬라이드 밸브의 경우)방향전환밸브 제어위치가 전환되지 않는다
원인	• 과도한 마찰이나 스프링의 손상으로 기계적인 스위칭 동작에 이상이 있을 수 있다 • 배기공이 막힌 경우 • 금속의 실링이 있는 경우 먼지가 손상을 일으켜 계속 누설이 발생 된다 • 평판 슬라이드 밸브에서 압력스프링의 손상으로 누설이 발생되는 경우

4-5 실린더 고장

공압 실린더의 고장은 실린더가 잘 작동되고 있는 시점에서라도 잘 관찰하면 손상의 유무를 파악할 수 있다. 주기적으로 관찰하여 손상의 유무와 조치를 취해주도록 하다. 긴 거리를 무거운 하중을 달고 운동하는 실린더들은 로드실 쪽에 마모가 일어나기 쉽다. 피스톤 로드에 윤활유가 고착되어 불안정한 상태의 운동이 되기 쉬운데 이때는 피스톤 로드에 검은 윤활유 피막이 덮여 있는지 확인한다. 이러한 상태에서는 피스톤이 격렬한 진동을 일으키면서 운동하기 쉽다. 천천히 운동하는 실린더에도 피스톤 실의 마모나 그리스의 건조, 혼합물, 실린더 배럴에 축적된 고무입자들로 손상을 입을 수도 있다. 다음에는 소리로도 실린더의 이상 유무를 판단할 수 있는데 실린더의 전 후진 시 실린더에서 공기가 새게 되면 소리가 명확히 들리는데 이때에는 실린더에 사용되고 있는 실링 상태를 점검해 보도록 한다. 공압 실린더에서 기능이상을 막기 위한 방법을 제시해보면

- 실린더 유지 보수의 경우 실링 부품을 교환할 때는 실린더 내부에 깨끗이 청소하고 기름과 그리스 찌꺼기를 완전히 제거한 다음 새 그리스를 주입토록 한다.

- 피스톤 로드는 먼지나 퇴적물로부터 가급적으로 손상 받지 않도록 주기적으로 이러한 이물질을 제거하여 준다.
- 실린더는 선형요소이므로 축방향의 하중에만 강하게 설계되어 있으므로 반경방향으로부터 하중이 걸리지 않도록 해서 사용한다. 이러한 하중이 걸리게 되면 피스톤 로드베어링이 빨리 손상을 입어 실린더의 내구성을 보장할 수 없게 된다.
- 실린더에는 윤활 된 공기를 사용해주고 윤활양도 적절히 조정해 준다. 과도한 윤활은 인체에 유해할 수 있으므로 가급적으로 피해야한다.

4-6 공압 시스템 정기점검

점검 시간	점검 내용
매일점검	서비스 유닛에 자동배수장치가 달려있지 않은 경우에는 필터에 찬 응축수를 매일 배수시켜 주어야 한다. 일반적으로 큰 공압 시스템에는 대부분 자동배수장치가 달려있다. 윤활기의 기름의 양을 점검해주고 기름의 급유 상태도 점검하여 이상이 있을 경우 급유량을 조절해준다
매주	신호입력요소의 이물질을 청소해준다. 압력조절기의 압력조절 상태를 확인하고 윤활기의 급유기능을 확인한다

점검 시간	점검 내용
매6개월	실린더에서 로드베어링의 마모상태를 확인한다. 필요하다면 실링도 교환 해준다. 이러한 주기적인 점검은 단조로운 작업 감소, 보수 유지인원 자질 향상, 보수용 부품 재고 확보로 자본 손실 감소, 생산성 향상, 비 가동시간 감소 등을 할 수 있다

4-7 배관에서의 압력손실

공압 시스템에서 공압 손실은 배관에서 누설로 인한 압축공기의 손실뿐만 아니라 불필요한 배관의 굽힘과 밸브 및 리듀서(Reducer) 사용 등으로 인한 공기의 흐름을 어렵게 할 수도 있다. 산업 현장에서는 때때로 이러한 손실량이 압축기의 용량의 40%가량 된다. 다음의 예는 공기의 누설로 인한 비용이 얼마나 심각하며 보수가 얼마나 중요한가를 실증적으로 보여준다. 어느 중소기업의 공장에서 시간당 3,000㎥의 공가가 사용된다. 조사한 바에 의하면 주배관과 공압기계에서의 배관을 통한 누설량이 35%정도 된다고 한다. 이에 해당하는 공기량은 1,050㎥/h 이다. 배관을 수리하고 손상된 튜브를 갈아 끼우고 실링부위를 점검한 후 다시 조사해 보았더니 누설량이 8.4% 즉 250㎥/h로 줄어들었다. 즉 800㎥/h의 공기 누설이 방지된 것이다. 만약 공압 시스템이 1년에 3,600시간 가동된다면 이는 2,880,000㎥/년 공기가 절약됨을 의미한다. 8bar의 공기 2.8㎥를 생성하는데 대략 0.25Kwh의 전력이 필요하고 산업용 전력요금을 50원/kwh로 가정하면 비용이 12.5원이 된다. 따라서 1년간 절약되는 비용은 약 1,300만원 가량 된다. 결론적으로 공압 시스템에서의 사전에 보수유지는 운전비용을 상당히 경감시킬 수 있다는 것을 보여준다. 이와 같이 누설되는 곳을 최대한도로 억제시켜 주면 모든 공압요소들이 충분한 압력으로 동작되므로 오동작 기능이상을 최소화 시킬 수 있고 공압을 발생시키는 압축기도 휴식을 취할 수 있는 여유도 생기므로 수명도 연장된다. 압력 손실을 줄이는 지름길은 올바른 배치와 배관

유공압 제어4 [유지보수]

에서의 적절한 크기선정이다. 즉 배관에서의 손실은 주로 누설 커넥터와 손상된 차단(Shut-Off) 밸브 등에 의해서 일어난다. 이러한 손실은 배관을 용접하거나 밸브와 코크를 잘 선택해서 사용하면 최소화 시킬 수 있다. 배관 손실은 화학적 부식에 의해서도 가능하므로 그런 경우에는 손상된 배관을 빨리 교체해 주어야 한다. 아무튼 공압손실의 대부분은 손상된 파이프사용 커넥터와 피팅의 손상 부적합한 소켓 마모된 Shut Off 밸브 등에 의하여 일어난다. 손상된 배관은 지체 없이 교체는 물론 수리된 튜브나 호스는 다시 사용하지 않도록 한다. 공압누설 모니터 장치와 전문요원을 양성하여 비정상적으로 누출량이 많을 경우에는 공압시스템을 점검하여 누설에 대비해야 한다. 더 나은 방법은 공압 누설에 관한 양식을 만들어서 주기적으로 점검하고 조치상황을 기입하여 놓는 것이 좋다.

<표 4-1> 공기누설 비용

실제누설크기	직경(mm)	6Bar에서공기누설량 (㎥/min)	에너지 손실(Kwh)	금 액(천원)
●	1	0.06	0.3	37.5
●	3	0.6	3.1	87.5
●	5	1.6	8.3	1,037.5
●	10	6.3	33.0	4,125

※직경 10mm 경우일 때 년간 손실금액 = 33.0Kwh X 50원/Kwh X 50시간/주 X 50주

4-8 공압 손실의 측정 및 방지

공압 손실은 정상작업 압력을 유지하기 위해 압축기가 압축공기를 배관에 얼마나 연속적으로 공급할 수 있느냐에 따라 측정된다. 이 방법은 다음 사실에 기초를 둔 것이다. 모든 실린더들이 운동을 할 때 압축기가 지정된 양의 공기를 흡입하여 압축한 후 배관으로 보내게 된다. 이 때에 토출 공기량은 압축시간과 정비례 한다. 일반적인 압축기들은 일정한 공급능력을 갖고 있는데 미리 지정된 압력에 도달하게 되면 공급을 중단하고 일정한 압력 이하가 되면 다시 공압을 공급하게 된다. 따라서 쉽게 공기 누설되는 량을 측정할 수 있다 압축기 자체가 훌륭한 측정 장치가 된다. 모든 압축기 스위치가 Off 상태이고 공압을 소모하는 기계들도 역시 Off 상태이다. 그리고 압축기를 가동시키기 시작한다. 정상 압력상태에 도달된 후 압축기는 공전상태로 스위치가 전환 될 것이다. 누설되는 시점에서 공기가 샐 것이고 따라서 압력이 낮아질 것이다. (이때 기계는 동작되고 있지 않는다). 그리하여 어느 정도 압력이 떨어지면 다시 압축기가 가동될 것이다. 이때 시간을 수 회 측정해서 압축기의 공급체적에 연관된 누설량을 백분율로 계산할 수 있다.

$$Lv = \frac{t_1}{t_2 + t_1}$$

Lv : 누설량 (%)

T_1 : 압축기 가동시간

T_2 : 압축기 휴지시간

 이와 같이 측정하여 누설량이 10%이상이 되면 많은 양의 압축공기가 누출을 뜻한다. 이런 상태는 전체의 공압 시스템이 경제적으로 가동되지 않음을 뜻한다. 공압 누설의 심각성을 깨달고 후속조치를 취해야 한다. 주 배관에는 여러 종류를 사용할 수 있으나 주로 강관을 많이 사용된다. 최근에는 분리 플랜지가 부착된 강관을 사용한다. 주기적으로 프랜지 부위를 점검하여 공압누설 여부를 확인한다. 지관(枝官)에는 나사가 나있는 파이프가 많이 사용되는데 컨넥터, 밴드, T연결구, 파이프, 커플링 등에서 누설 위험성이 커진다. 따라서 배관 시 주의가 요구되고 점검도 자주해야 한다. 근래에 플라스틱 파이프도 많이 사용하는데 연결 시에는 접착제, 플랜지, 커넥터 등이 사용된다. 플라스틱 파이프를 사용할 경우에는 외부환경에 대해서 강관보다 훨씬 민감하므로 설치 환경에 적합한지를 따져 봐야한다. 지관과 공압장치 사이에 고무나 플라스틱 튜브가 사용되는데 취급하기 용이하고 사용이 간단하다. 이곳에는 주로 나사 커넥터 부위에서 누설될 가능성이 크다. 공압 차단장치는 배관의 여러 곳에서 사용되는데 주로 나비밸브 볼밸브 스톱코크 퀵-커플링 등이 많이 사용되는데 이런 요소에 실링이 완벽하게 되어 있는지 검토되어야 한다. 공압 장치 내에 사용되는 여러 가지 분배기 휘팅 커넥터 등도 의심이 된다. 이런 곳에서는 비누거품을 이용하여 누설을 판단한다. 비눗물을 칠해서 비누거품이 뽀글뽀글 생기면 공기가 새고 있는 증거이므로 조치를 취해 주도록 한다. 어쨌든 이러한 공압누설은 직접 돈과 연관되는 것이므로 항상 관심을 갖고 정기적인 점검을 통하여 공압누설을 최대한도로 없애도록 노력해야 한다.

4-9 공압 클램핑 장치의 안전

 오늘날 안전에 대해서 많은 변화를 가져왔지만 여전히 산업재해는 여전히 발생되고 있다. 사고는 언제 어디에서나 발생되므로 안전에 대해서 가이드 라인을 언급하기로 한다.

안전 및 점검 사항	유의 항목 및 조치 사항
1)공압 클램핑 장치의 제어요소는 돌발적인 동작을 피하도록 설계되고 정렬되어야 한다	①수동 작동형 스위치 장치 ②제어 잠검 기능
2)공압 클램핑 장치에 의해서 손의 부상을 막기 위한 예방조치가 있어야 한다	①작업자의 작업 영역 밖에 클램핑 실린더가 설치될 것 ②충분한 압력으로 작업물을 고정시킬 수 있는 안전 클램핑 실린더 사용 ③양손제어 시스템 사용할 것
3)공압 클램핑 장치가 있는 기계에서는 클램핑 공정이 완전히 이루어 질 때 까지 스핀들 회전이나 피딩(Feeding) 동작이 일어나서는 안 된다	①공압전기 변환기 사용(예: 압력스위치) ②압력 시퀀스 밸브사용

안전 및 점검 사항	유의 항목 및 조치 사항
4)공작물을 클램핑하는 동안에 공압원의 고장발생시 죔틀 장치가 해체되어서는 안 된다	①논-리턴 밸브 사용 ②압력제어 장치 사용 ③제어 잠검 기능 사용
5)과도한 배기 소음은 억제되어야 한다	①소음기 사용

4-10 환경 공해

공압 시스템에서의 환경 공해는 크게 두 가지로 분류 할 수 있는데 첫째는 압축공기 배기 시 소음이고 둘째는 윤활유 급유의 결과로 인한 윤활 입자이다. 따라서 윤활입자에 의한 호흡에 대한 대비와 작업자에게 스트레스를 주는 소음도 줄여 주어야 한다.

1) 소음

공압 유닛에서 공기압이 배기될 때 소음이 나기 마련이다. 이때의 소음의 주파수는 4Khz 부근인데 사람에게는 굉장한 신경질을 유발시키는 주파수이다. 소음기가 없는 경우의 소음치는 110db 정도이다. 여러 개의 소음원이 합치게 되면 소음치는 커지게 된다. 2개의 소음원에서 소음치는 3db 소음원이 10개로 증가하면 소음치도 10db정도 크게 나온다. 이러한 소음을 줄이기 위해서 다양한 소음기가 제품화 되어 있다. 소음기는 다공성 물질이나 섬유 팩으로 만들어져 주로 배기공에 부착된다. 교축 소음기는 작게 만들 수 있지만 흐름의 저항이 다소 커질 수 있다. 따라서 압력강화로 인한 실린더와 밸브의 운동 성능에 나쁜 영향을 줄 수 있다. 교축 소음기를 사용하면 공기가 다공표면을 통과하므로 필터로서 기름과 마모입자를 제거하는 역할도 해준다. 그러나 점차로 구멍이 막히게 되면 공기에 대한 저항이 커지는 위험이 있다. 소음경감에 대한 또 하나의 대책은 파워밸브의 배기공을 한 곳으로 엮어서 매니폴드를 장착하는 것이다. 이렇게 하여 커다란 공통 소음기를 사용하게 되면 소음을 많이 줄일 수 있다. 아무튼 소음치의 경감은 매우 어려운 문젯거리다. 이미 심각한 직업병의 하나로 자리 잡고 있기 때문이다. 현재 독일의 무역협회에서 공압에 대한 전체 소음치를 80 ~ 85 db로 정하고 있다.

2) 윤활입자

과거에는 매우 빨리 동작하는 공작기계에서 스프레이나 공구에서 증기로 인해 윤활입자가 주로 생성된다. 요즈음에는 자동화 시설 증가로 윤활입자가 주로 공압 시스템에서 만들어진다. 대체로 윤활입자는 이제 파워밸브나 급속배기 밸브의 배기공에서 나온다. 윤활입자의 환경공해는 자동생산라인의 공압 모터나 직경이 큰 실린더가 있는 곳에서 심각하다. 또 프레스와 자동차 공장의 용접라인에도 해당된다. 얼마나 많은 양의 기름이 공압 시스템에서 흩어지고 있는가는 여러 조사에서 이루어지고 있다. 얼마나 많은 기름이 배관으로 흘러들어 가는가에 따라 포화상태가 약간씩 달라진다. 그러나 공압 시스템에서의 전체기름양은 실제로 일정하다고 보아진다. 어쨌든 기름의 양이 증가하게 되면 과 윤활도 꾸준히 증가하게 되고 그 결과로 작업환경은 미세한 윤활입자 크기는 0.5~10미크론 사이의 에어로졸이다. 이 에어로졸을 흡입하게 되면 입자 크기에 따라 달라지지만 인체의 여러 영역에 악 양향을 미치게 된다. 큰 입자(5미크론 이상)는 상부 호흡기관(코 입 기관지)에서 분리 된다. 반면에 0.5 ~ 5미크론 사이의 입자는 사람의 폐로 침투되어 쌓이게 된다. 사람의 허파는 사람과 공기사이에서 신진대사가 이루어지는데 이러한 입자들은 특히 해를 주게 된다. 극히 작은 입자들(0.5mm 이하)은 허파속의 공기 흐름을 따라 다닌다.(매우 적은양은 숨 쉴 때 나오기도 한다) 이 입자들은 인체 속에 쌓여 미세한 조직을 파괴하고 혈액에서 산소교환을 방해하게 되고 입자의 독성성분은 혈액을 통해서 다른 여러 기관으로 가기도한다. 즉 사람의 허파에 직접 영향을 미치기도 하지만 또 다른 장기에 심각한 결과를 초래할지도 모른다. 인체에 흡입되는 윤활입자의 영향은 조사한 바에 따르면 모든 윤활유는 압축기와 윤활기에 사용할 때 극히 신중한 주의가 필요하다는 것이다. 따라서 오일 필터를 설치하는 것은 바람직하며 파워 밸브도 한 곳으로 모아 매니폴드를 설치하여 공통의 배기공을 설치하고 윤활입자를 제거해 주는 것이 필요하다.

실기 내용   공압 시스템 보수유지

1. 공압 시스템 및 안전

(1) 공압 시스템 오동작 및 고장이 일어날 가능성을 열거하고 설명하세요?
 - 압축공기 상태
 - 공압 실린더 초기 마모
 - 압력 강하

(2) 공압 시스템 주요 예방 방법으로 아는 대로 쓰고 설명하세요?
 - 부품의 기술적인 자료
 - 실린더 속도조절 밸브 사용법

(3) 공압 타이머와 밸브 작동 방법을 알고 분해 조립 하세요?
 - 공압 타이머
 - 방향제어 밸브
 - 유량제어 밸브

유공압 제어4 [유지보수]

장비 및 도구, 소요재료

1. 장비 및 공구

   밸브 분해 가능한 실습 장치, 토크 랜치, 스크류 드라이브, 플라이어, 베어링 플리, 바이스

2. 소요재료

   공압 타이머, 방향제어 밸브, 유량제어 밸브

안전유의사항

1) 수공구 사용 시 주의 사항

- 작업에 알맞은 적절한 공구를 선택하여 사용한다.
- 공구의 용도에 알맞게 사용해야 한다.
- 공구에 묻어 있는 기름이나 이물질을 제거하고 사용한다.
- 공구의 마모상태를 확인하고 사용한다.
- 작업장 주위를 정리 정돈한 후 작업한다.
- 공구를 보관할 때에는 지정된 장소에 보관한다.

2) 렌치 및 스패너 사용 시 주의 사항

- 볼트나 너트의 치수에 꼭 맞는 것을 사용한다.
- 파이프 등의 연장대를 끼워 사용하지 않는다.
- 렌치나 스패너를 해머로 두드리거나, 해머 대용으로 사용해서는 안된다.
- 조정 렌치를 사용할 경우에는 조정 조에 힘이 가해지지 않는 방향으로 사용한다.
- 사용 후에는 마른 헝겊으로 닦아서 보관한다.

3) 줄 작업 시 주의 사항

- 줄 작업의 높이는 작업자의 팔꿈치 높이로 한다.
- 작업 전 줄의 균열 유무를 점검하고 작업한다.
- 작업 자세는 허리를 낮추고 몸의 안정을 유지하면서 전신을 이용한다.
- 줄눈이 메워지면 와이어 브러시로 털어낸다.
- 줄 작업은 앞으로 밀 때만 압력을 가하여 작업한다.

4) 톱 작업 시 주의 사항

- 톱날을 끼울 때는 이의 방향이 전진 방향을 향하도록 끼운다.
- 절단이 끝날 무렵에는 힘을 알맞게 조절한다.

단원명 1 유지 보수

- 철재 봉이나 파이프 등은 삼각 줄로 안내 홈을 파고난 후 작업한다.
- 한손은 손잡이를 잡고 다른 한손은 프레임 끝부분을 잡은 다음 전진할 때 압력을 가해 공작물을 자른다.

5) 해머 작업 시 주의 사항

- 해머의 타격면이 찌그러진 것은 사용하지 않는다.
- 쐐기를 박아 손잡이가 튼튼하게 박힌 것을 사용한다.
- 장갑을 끼거나 기름이 묻은 손으로 작업하지 않는다.
- 해머를 휘두르기 전에 주위를 살피고, 사용 중 해머와 손잡이를 자주 점검한다.
- 좁은 곳이나 발판이 불안한 곳에서는 작업하지 않는다.
- 작업 중 파편이 튀거나 불꽃이 발생할 수 있는 경우는 보안경을 착용하고 작업한다.

관련 자료

1. 관련자료

 - 공압 밸브 종류
 - 공압 제품 카탈로그

유공압 제어4 [유지보수]

1-4 교수방법 및 학습활동

교수 방법

- 유공압 시스템의 유지보수 관리 항목을 설명한다. 이 때 이미 학습한 내용에 대하여 명칭과 기호 및 기능 등에 대하여 보충 설명을 할 수 있도록 한다.
- 유공압 유지보수에 관한 설명을 위해서 유공압 실린더, 유압 유닛, 밸브에 관한 자료를 준비한다.
- 유공압 일반에 관한 설명에 앞서 자동화 시스템의 구성과 신호의 흐름에 대하여 스케치로 그리고 설명한다.
- 유공압 실린더, 유압 유닛, 밸브에 관한 카탈로그 준비해서 보는 방법을 제시하고 제조회사별로 취급사항을 읽어보고 의문점을 질의응답 한다.

학습 활동

사전 지식 평가
- 공압 실린더 고장 예상 될 곳 한 가지 물어본다.
- 공압 3점 유닛 윤활, 밸브 등에 기본적인 사항을 질문해본다.

관련 전달 지식
- 유공압 시스템 전반의 신호와 동력 계통에 대하여 조별로 토의하고 그 결과를 발표하도록 한다.
- 공압 시스템 정기점검 등에 관한 점검 사항을 조별로 조사하도록 하여 발표한다.
- 공압 밸브 구조를 이해하고 분해 조립을 개인별로 조사하도록 하여 발표한다.

단원명 1 유지 보수

1-4 평가

평가 시점

- 구조적 내용과 기능에 대하여 서술형과 발표형으로 나누어 평가 실시
- 점검, 문제해결 능력을 조원끼리 협동에 대하여 평가자 체크리스트를 이용한 평가 실시

평가 준거

평가자는 피평가자가 수행 준거 및 평가 내용에 제시되어 있는 내용을 성공적으로 수행할 수 있는지를 평가해야 한다. 평가자는 다음 사항을 평가해야 한다.

평가영역	평가항목	성취수준					
		잘모른다	미흡하다	보통이다	알고있다	잘알고있다
공압시스템의 유지보수	공압 시스템에서 고장					
	공압 타이머 구성					
	공압 밸브 고장 부위 정기 점검					
	배관에서 압력손실					
	공압 클램핑 장치의 안전					

평가 방법

평가영역	평가항목	평가방법
공압시스템의 유지보수	공압 시스템 오동작 및 사례 서술	서술형시험 평가자 체크리스트
	공압 타이머, 밸브 정기 점검법 서술	

유공압 제어4 [유지보수]

평가 문제

문제1. 실린더가 운동하다가 정지하였다. 일어 날 수 있는 조건을 기술 하세요?

문제2. 유압 설비의 운전시 점검 항목을 기술하고 방법을 기술하세요?

문제3. 공압 실린더 교체 시 조치요령에 적어시오?

문제4. 공압 실린더의 출력이 저하되는 원인을 기술하세요?

문제5. 공압 실린더의 취부방법의 종류를 쓰고 그 중 하나를 설명하세요?

피드백

1. 서술형시험
   - 평가 결과 일정 점수 이하인 학생들은 일정시간 추가 학습 후 재평가한다.

2. 평가자 체크리스트
   - 평가 결과 일정 기준에 미달한 학생들은 학습자 멘토를 정하여 추가학습 후 재평가한다.

단원명 1 유지 보수

부록   유공압기계 안전기준 일반에 관한 기술상의 지침

유공압기계 안전기준 일반에 관한 기술상의 지침을 다음과 같이 제정한다.

제1조(목적) 이 지침은 산업안전보건법 제27조의 규정에 의하여 공장자동화용 유공압기계(이하 "유공압기계"라 한다)에 의한 재해를 방지하기 위한 유공압기계의 일반적 안전에 관하여 사업주에게 지도, 권고할 기술상의 지침을 규정함을 목적으로 한다.

제2조(안전방호통칙) ① 제조자, 판매자, 관리자 및 작업자는 유공압 기계 및 자동화 기계에 부수되는 안전방호장치 및 안전방호대책에 대한 조치를 포함하여 다음 사항에 대하여 유의해야 한다.

1. 제조자, 판매자, 관리자 및 작업자는 유공압기계 및 자동화 기계에 따른 상해를 방지하기 위하여 이 지침에 따르는 적절한 조치를 강구하여야 한다.
2. 유공압기계의 외면(바깥 면)에 위험한 부분이 없어야 한다.
3. 전압, 유압 또는 공기압의 변동, 정전 기타 이상 발생 시에 유공압기계에 의한 위험을 방지하기 위하여 고장-안전 등의 기능을 구비하고 있어야 한다.
4. 필요한 강도를 가져야 한다.
5. 인간공학적인 배려에 의하여 작업의 안전성을 확보하여야 한다.
6. 작업자 뿐 아니라 타인에 대하여도 상해를 방지할 수 있도록 하여야 한다.
7. 정비가 용이하도록 하여야 한다.
8. 나사로 고정된 부품은 운전 중 시동 또는 제동 등의 충격에 의하여 헐거워지지 않도록 하여야 한다.
9. 직선운동부분 주위에 발생되는 틈새의 최소간격은 충분히 크거나 충분히 작게 하여 끼임을 방지함으로써 안전방호대책을 생각할 수 있다.
10. 누구라도 공유압기계 및 기계 설비에 부수된 안전방호장치 및 안전방호 대책의 효력을 정당한 이유 없이 상실시켜서는 아니 된다.
11. 관리자는 작업자에 대하여 안전방호에 관한 교육훈련을 실시하여야 한다.
12. 관리자는 작업자 및 타인에 대하여 안전방호에 관한 감독을 태만히 해서는 아니 된다.
13. 작업자는 작업상 지켜야 할 규칙에 따라 작업하여야 한다.
14. 정비, 점검, 수리, 조정 등에 있어서 이미 설치된 안전방호장치 또는 안전방호 대책이 기능을 잃을 우려가 있을 경우에는 별도의 안전방호조치를 강구하여야 한다.
15. 정비, 점검, 수리, 조정 등의 작업 중에 부주의하게 운전이 개시되지 않도록 조치되어야 한다.
16. 정비, 점검, 수리, 조정 등을 실시한 후에는 안전 보호 장치 또는 안전방호대책이 그 기능을 회복하였는지에 대하여 반드시 확인하여야 한다.
17. 개조, 개선을 실시한 경우에는 새로운 위험을 수반할 가능성이 있으므로 필요할 때에는 이것에 대한 안전방호장치 또는 안전방호대책을 강구하여야 한다.

제3조(발주시 안전에 관한 조건의 명시) 사업주가 유공압 기계를 발주할 때는 제2조에 명시한 사항에 유의하고 이 지침에 따라 필요한 안전에 관한 조건을 발주서에 명시 하도록 노력하여

유공압 제어4 [유지보수]

야 한다.

제4조(동력차단장치) ① 유공압 기계에는 작업자가 그 작업위치를 이탈하지 않고도 조작할 수 있는 위치에 동력 차단장치를 설치하여야 한다.

② 제1항의 동력 차단 장치는 쉽게 조작할 수 있어야 하며 또한 접촉, 진동 등에 의하여 불의에 유공압 기계가 가동할 우려가 없어야 한다.

③ 2인 이상의 작업자에 의하여 운전되는 유공압 기계는 모든 시동스위치를 동시에 누르지 않으면 작동되지 않아야 한다.

제5조(브레이크) ① 유공압 기계에는 동력을 차단시켰을 때 회전 중인 축을 정지시키기 위한 브레이크를 설치하는 것이 바람직하다. 단 연삭기계의 숫돌 축에 대해서는 그렇지 않다.

② 제1항의 브레이크는 다음에 정하는 바에 적합하여야 한다.

1. 주축이 최고속도에서 회전하고 있는 경우에는 빨리 정지시킬 수 있는 제동력을 구비하여야 한다.
2. 마찰관 라이닝, 전기자, 기타 마모부품을 쉽게 확인 또는 교체할 수 있는 구조로 되어 있어야 한다.

제6조(덮개 등) ① 유공압 기계의 동력전단부분 등과 같이 접촉에 의하여 근로자에게 위험을 미칠 우려가 있는 부분 및 유공압 기계 운전 중에 가공물, 부품 등의 기계에 의하여 근로자에게 위험을 미칠 우려가 있는 부분에는 덮개를 설치하여야 한다.

② 제1항의 덮개는 다음에 정하는 바에 따라야 한다.

1. 확실한 방호기능을 구비하고 있어야 한다.
2. 장기간 사용에 견딜 수 있는 견고한 구조로 하여야 한다.
3. 유공압 기계의 청소, 주유, 수리 등의 정비작업(이하 정비작업" 이라 한다)및 조정 작업에 방해가 되지 않는 구조로 하여야 한다.
4. 공구를 사용치 않고는 제거하거나 열 수 없는 구조로 하여야 한다.
5. 원칙적으로 고정형으로 하여야 한다. 끼워 맞춤형으로 할 때는 쉽고 견고하게 끼워 맞출 수 있어야 한다.
6. 접촉에 의하여 근로자에게 위험을 미칠 우려가 있는 날카로운 모서리, 돌기부 등이 없어야 한다.
7. 유공압 기계의 작동부분과의 틈새에 손과 같은 것이 끼어들지 못하도록 하여야 한다.
8. 개폐식의 덮개는 그 개폐를 유공압 기계의 운전과 가능한 한 연동되도록 하여야 한다.

③ 유공압 기계 회전부분 등의 고정구 등은 묻힘형으로 하거나 덮개를 설치하여야 한다.

제7조(칩 처리장치) ① 유공압 기계의 작동 중에 칩을 제거하여야 하는 경우 칩을 제거하기 위해 근로자의 신체 일부가 공구 또는 작동물체에 가까이 가지 않을 수 있는 구조로 하여야 한다.

② 자동기계의 칩 공간은 큰 구조로 하고, 칩 후드, 칩 슈우트 등과 같은 칩 처리장치를 가능한 한 설치하여야 한다.

③ 칩 컨베이어와 같은 별도의 칩 제거장치가 있는 경우, 작업자가 이를 작동하도록 하여야 하

며, 방호장치 등을 열거나 기계의 작동을 정지시키면 칩 제거장치도 정지하여야 한다.

④ 자동기계에는 칩 및 절삭유에 의한 근로자의 위험을 방지하기 위해 가능한 한 덮개 또는 안전망을 설치하여야 하며, 자동기계에는 반드시 안전망 또는 덮개를 설치하여야 한다.

⑤ 제4항의 덮개 또는 울은 가능한 한 그 일부에 견고한 투명재료를 사용하여 가공 상황을 관찰할 수 있도록 하여야 한다. 덮개 중에 투명재료를 사용한 부분은 쉽게 교체할 수 있는 구조로 하여야 한다.

제8조(동력에 의한 공작물이나 공구 고정 장치) ① 동력원에 이상이 있을 때 공작물이나 공구를 계속 고정시키고 있어야 한다.

② 운전을 개시할 때 공작물이나 공구가 확실하게 물려져 있지 아니하거나 동력이 가해지지 않아서 근로자에게 위험을 줄 수 있을 때에는 다음 각 호의 한개 이상의 조치를 하여야 한다.
    1) 공정 상태를 기계의 작동과 연동시킨다.
    2) 공작물이나 공구가 튀어 나가는 것을 방지하기 위한 충분한 강도의 덮개를 설치한다.
    3) 작업자가 정상작업 위치에서 공정 상태를 알 수 있도록 표시 등, 경부 등의 조치를 한다.

③ 기계가 작동 중에는 공작물이 풀리지 않도록 설계되어야 하며, 이로 인하여 위험을 발생시킬 수 있을 때에는 공작물이나 공구를 안전하게 유지시킬 수 있는 충분한 강도의 방호물을 설치하거나 안전하게 기계를 정지시킬 수 있는 장치를 구비하여야 한다.

④ 기계가 작동 중에는 공작물이나 공구를 풀기 위한 조작이 불가능하도록 하여야 한다. 단, 이를 풀음으로써 근로자의 위험을 줄일 수 있거나 위험을 초래하지 않는 경우는 그러하지 아니한다.

제9조(냉각제 및 절삭유 관련 장치) ① 저장탱크는 이물질이 들어가지 않도록 덮개를 설치하여야 한다.

② 냉각제 및 절삭유통이나 저장탱크 등은 쉽게 청소할 수 있는 구조로 설계하여야 한다.

③ 냉각제 및 절삭유의 개폐장치나 유량조절장치는 노즐 가까이에 있지 않도록 하여야 한다.

④ 냉각제 및 절삭유가 비산될 우려가 있을 때 이를 방지할 수 있는 장치를 구비하여야 한다.

제10조(윤활시스템) ① 윤활유를 주입하거나 레버를 조작하는 등, 윤활시스템을 정상적으로 작동하게 하기 위한 장치는 쉽게 조작할 수 있고 위험하지 않은 위치에 있어야 한다.

② 자동윤활시스템을 사용하는 경우, 이 장치에 고장이 발생하였을 때 이를 경고하거나 조치할 수 있는 방법을 알리는 장치가 부착되어 있어야 한다.

제11조(오동작 등에 대한 안전장치) 자동기계에는 오동작 또는 운동부분의 오버런에 의한 위험을 방지하기 위하여 가능한 한, 전기적 연동장치 또는 이송정지용 리밋 스위치, 기타 안전장치를 설치하여야 한다.

제12조(조작 또는 조정을 안전하게 하기 위한 조치) ① 자동기계의 작업위치는 가능한 한 작업자의 피로가 가장 적은 높이로 하여야 한다.

② 기계의 운동부위에 공구나 측정구 등이 떨어지지 않도록 가능한 한 공구대를 설치하여야 한다.

유공압 제어4 [유지보수]

③ 스토퍼, 도그, 지브 등의 조정, 가공물의 탈착, 절삭공구의 교체 등의 작업을 쉽고 또한 안전하게 할 수 있는 구조로 해당부위를 설계하여야한다.
④ 제어반은 안전하고 쉽게 조작할 수 있는 위치에 두어야 하며, 충분한 공간을 확보하여야 한다.
⑤ 제어반은 분명하고 쉽게 서로의 기능이 구분될 수 있도록 표준 기호에 따라야 한다.
⑥ 조작방향은 유공압 밸브 방향을 따르며, 가능한 한 레버, 핸들의 조작방향과 기계가동부분의 운동방향과를 일치시켜야 하고, 조작할 때 부주의로 인한 오 조작을 방지할 수 있는 위치에 이들을 설치하여야 한다.
⑦ 회전 속도 및 이송을 변환하기 위한 레버 등은 지정된 위치를 이탈하지 않는 구조로 하여야 한다.
⑧ 운전개시 조작버튼은 부주의로 작동되지 않도록 위치나 구조를 선정하여야 한다.
⑨ 자동기계에는 운전방식 전환스위치를 설치하고 자동운전 또는 수동운전의 어느 방식으로 전환하였을 경우 다른 운전방식으로 운전할 수 없도록 연동시킨 구조로 하여야 한다.
⑩ 제어반은 조정, 점검, 수리 등의 작업을 할 때에 오 조작을 방지하기 위해 자물쇠를 잠그는 등 전원을 확실하게 차단할 수 있는 구조로 하여야 한다.
⑪ 발로 작동하는 스위치는 낙하 또는 운동하는 물체나 다른 사람이 우발적으로 이를 작동시킬 수 없도록 방호되어야 한다. 움직일 수 있는 페달은 한 방향에서만 진입이 가능하도록 하여야 한다.
⑫ 트랜스퍼 장치는 다음에 정하는 바에 따라야 한다.
1. 멀티스테이션의 트랜스퍼장치에 있어서 각 스테이션을 조정하거나 수동 운전할 때에는 작업자에게 그 취지를 경보하기 위한 장치를 설치하여야 한다.
2. 긴 멀티스테이션의 트랜스퍼장치 등에 있어서는 기계의 중간을 횡단하기 위한 건널 다리를 설치하여야 한다.
3. 제2호의 건널 다리는 상부난간대의 높이가 90cm이상이며, 중간대가 부착된 것으로 충분한 강도를 가져야 한다.
⑬ 중량이 10kg을 초과하는 가공물들을 빈번하게 취급하는 작업을 필요로 하는 자동 기계는 가능한 한 이를 취급하기 위한 인양 장치 등을 설치하여야 한다.
⑭ 압력계, 유면계 기타 계기는 보기 쉬운 곳에 설치하여야 한다.
⑮ 유공압기계는 작업을 안전하게 할 수 있도록 조명장치를 구비하고 특히 정기적인 보수작업이 필요한 곳의 조명이 불충분할 때 국부조명장치를 부착할 수 있는 구조로 하여야 한다.
. 제15항의 조도는 산업보건에 관한 규칙에 따라야 하고, 광원으로 백열등을 사용하여야 하며 그렇지 않는 경우에는 회전체가 정지해 보이거나 어른거려 위험할 수 있으므로 주의하여야 한다.
. 작업대 또는 운전대에 설치된 의자는 충분한 강도를 갖고 등받이 등을 설치 위험할 수 있으므로 방지하여야 한다. 필요한 경우 안전대 및 발받침 대를 설치하여야 한다.
. 작업자가 통상의 작업위치에서는 80℃를 넘는 고온 물과 직접 접촉하지 않도록 방호하여야

하며, 60℃를 넘는 부분과 작업자가 접촉하여 반사운동에 의한 상해를 입지 않도록 배려하여 설계하여야 한다.

제13조(정비를 용이하게 하기 위한 조치) ① 급유나 일상점검은 위험지역 내에 들어가지 않아도 되도록 설계하여야 한다.

② 높이가 2m 이상의 유공압기계에서 정비작업, 조정 작업 등을 할 필요가 있는 것에는 그들 작업을 안전하게 하기 위한 계단 및 계단참 등을 설치하여야 한다.

③ 제2항의 계단 및 계단참에는 높이가 90㎝ 이상인 상 난간대와 중간대가 부착된 난간을 설치하여야 한다.

④ 유공압기계를 안전하게 운반할 수 있도록 리프팅 볼트, 훅 등을 고정하여 끼워 넣는 구멍을 설치하는 등의 조치를 강구하여야 한다.

⑤ 수직 또는 경사진 슬라이드 면을 따라서 오르내리는 중량물을 가진 유공압 기계에는 그 중량물의 자중에 의한 강하, 부품의 파손에 의한 낙하 등에 의한 위험을 방지하기 위한 조치를 강구하여야 한다.

⑥ 설치, 또는 조정을 하기 위한 장치가 되어 있는 자동기계는 조정하는 사람을 보호하기 위하여, 스위치를 누르고 있는 동안만 작동되거나, 스위치를 누르면 제한된 양만큼만 이동하는 장치를 설치하여야 한다.

⑦ 가능한 한 설치, 조작, 조정 작업 및 보수작업을 안전하게 하기 위해 필요한 작업절차 및 작업공간을 정하여야 한다.

제14조(전기장치 일반사항) ① 유공압기계의 일부를 구성하는 모든 전기기계기구(이하 "전기장치"라 한다.)는 가능한 한 KS 전기장치에 따라야 한다.

② 전기장치는 상하한 각각 10% 이내의 전압변동범위에 대하여 정상으로 작동하여야 한다.

③ 전기장치는 가능한 한 단일전원에 접속시켜야 한다. 전기장치 내의 전자장치, 전자클러치 등이 서로 다른 전압 등을 필요로 하는 경우에는 그 전기장치에 변압기, 정류기 등의 변환기기를 내장하여 필요한 전압 등을 얻는 방법이 고려되어야 한다.

④ 전기장치에는 비상정지장치 및 전원개폐기를 설치하여야 한다. 단, 비상정지장치에 의한 전원차단이 근로자에게 위험이 미치지 않는 경우에는 전원개폐기를 설치하지 않을 수 있다.

⑤ 비상정지장치는 다음에 정하는 바에 따른다.

1. 근로자에게 위험을 미칠 우려가 있는 경우에는 유공압기계와 그와 관련된 모든 장치를 가능한 한 신속하게 정지시킬 수 있어야 한다.

2. 유공압 기계의 최대 과부하 전류를 차단할 수 있어야 한다.

3. 전자 체크회로, 브레이크 시스템, 공작물 고정 장치, 급속정지를 위한 제어회로, 기타 전원의 차단이 근로자에게 위험을 미칠 우려가 있는 장치는 비상정지장치에 의하여 차단되지 않아야 한다.

4. 비상정지장치를 복귀하여서 기계가 재가동 되어서는 아니 되며, 주전원의 제어에 의하여만 가능하도록 하여야 한다.

5. 비상정지 후에는 수동으로 기계를 복귀시키기 전에는 기계를 재가동할 수 없도록 하여야 한

유공압 제어4 [유지보수]

다. 다만, 유공압기계 작동부문의 복귀 작동이 위험을 감소시킬 수 있거나 위험을 미칠 우려가 없는 경우에는 비상정지 후 복귀 작동이 개시될 수 있어야 한다.
6. 비상정지장치를 작동시키기 위한 누름단추 스위치, 손잡이 등의 비상정지 스위치는 적색을 사용하여 명확하게 표시하고 또한 작업자가 그 작업위치를 떠나지 아니하고 바로 작동시킬 수 있는 위치에 설치되어 있어야 한다.
7. 제6호의 누름단추 스위치의 형상은 버섯 형으로 하여야 한다.
8. 2 이상의 작업위치를 가지고 있는 유공압 기계는 각각의 작업위치에 제6호의 누름단추 스위치, 손잡이 등의 비상정지 스위치를 설치하여야 한다.
⑥ 전원개폐기는 다음과 같이 정하는 바에 따라야 한다.
1. 유공압 기계의 정비작업을 하는 경우 또는 장기간 사용하지 않을 경우 등에 전기장치를 전원 Off로 확실하게 개로할 수 있어야 한다.
2. 전원개폐의 차단용량은 유공압기계의 최대 과부하 전류를 차단할 수 있어야 한다.
⑦ 유공압기계에서 외부의 부속품으로 전기배선을 하는 경우 퓨우즈 또는 배선용 차단기를 설치하여야 한다.

제15조(전기장치 보호) ① 전기장치에서 50V를 초과하는 전압이 걸려있는 충전부분에는 덮개를 설치하고 근로자에게 위험을 미칠 우려가 없도록 다음 각 호의 1 이상의 조치를 하여야 한다.
1. 전원개폐기는 Off로 하지 않으면 덮개를 열 수 없도록 전원개폐기와 덮개를 연동시키는 방법
2. 공구를 사용하지 않으면 열 수 없도록 덮개를 설치하는 방법
3. 덮개가 열려져 있을 때라도 근로자가 접촉할 우려가 없도록 절연재료를 사용하여 모든 충전부분이 노출되지 않도록 하는 방법
② 전동기는 원칙적으로 각각의 과부하 보호 장치를 구비하고 있어야 한다.
③ 정전된 뒤 전원이 회복되었을 때에 자동적으로 재가동되거나, 전압이 변하였을 때에 오동작에 의하여 근로자에게 위험을 미칠 우려가 있는 것은 보호계전기를 설치하는 등 위험을 방지하기 위한 조치를 강구하여야 한다.
④ 직류전동기에 있어서 정격속도를 초과할 위험이 있는 것은 이로 인한 위험을 방지하기 위한 조치를 강구하여야 한다.

제16조(제어회로) ① 제어회로는 공작기계가 잘못 조작된 경우에도 근로자의 안전을 확보할 수 있도록 되어 있어야 한다.
② 제어회로에 대한 전압은 가능한 한 110V 이하로 하여야 한다.
③ 칩의 제거, 윤활 등의 보조기능을 하는 기계기구의 고장으로 인하여 근로자에게 위험을 미칠 우려가 있는 경우, 유공압 기계의 제어회로는 이 기계기구의 고장과 사고원인이 될 수 있는 다른 기계기구의 작동과 가능한 한 연동시켜야 한다.
④ 모터의 회전방향을 제어하는 정역 접속기는 전환할 때 단락이 일어나지 않도록 조치되어 있어야 한다.

⑤ 전동기는 역상제동하지 않는 것으로 하고, 또한 전동기가 정지 상태에 있을 때는 전동기의 축을 손으로 움직여도 전기적으로 작동하지 않는 것으로 하여야 한다.

제17조(접지) ① 전기장치를 내장하는 유공압기계 및 이것과 따로 배치된 부속장치에는 설치하여야 한다.

② 제1항에 의해 설치된 접지단자 중 주 접지단자는 전원단자 가까이에 설치하여야 한다.

③ 제1항에 의해 설치하는 접지단자는 산업안전 보건법 및 산업안전 기준에 관한 규칙의 규정에 따라 접지하여야 한다.

제18조(유공압 장치 공통사항) ① 정전 또는 전기적 고장이 발생하였을 경우에 근로자에게 위험을 미칠 우려가 없는 구조로 하여야 한다.

② 자동운전 상태에서 비상시에 긴급정지를 할 수 있고, 또한 그 뒤 가능한 한 수동운전을 할 수 있어야 한다.

③ 압력스위치를 설치하는 등 압력변동에 의한 위험을 방지하기 위한 조치가 강구되어 있어야 한다.

④ 안전하게 점검할 수 있는 구조로 하여야 한다.

⑤ 각 부품은 가능한 한 압력 등이 안전한 작업범위를 벗어나게 조정할 수 없도록 하여야 한다.

⑥ 어큐뮬레이터를 사용하는 회로는 전원이 차단되었을 경우에도 작동회로에 관계없이 어큐뮬레이터가 필요로 하는 압력을 유지하도록 연동되어 있어야 한다.

⑦ 플렉시블 호스는 파손 시 근로자에게 위험하지 않도록 조치를 강구하는 것이 바람직하다.

⑧ 배관의 잘못 접속을 방지하기 위하여 관 및 접속구를 색깔별로 구별하는 등의 조치가 강구되어야 한다.

⑨ 방향제어 밸브는 명판을 부착하는 등 작동방향을 표시하기 위한 조치가 강구되어 있어야 한다.

⑩ 압력계는 회로명 및 사용압력이 표시되어 있어야 한다.

⑪ 압력제어밸브 및 유량제어밸브는 작업자가 보기 쉬운 곳에 사용목적 및 조절방향이 표시되어 있어야 한다.

⑫ 압력제어밸브 및 유량제어밸브는 이 제어밸브를 구비한 회로가 안전하게 작동할 수 있는 범위 이상의 압력 또는 유량을 쉽게 조정할 수 있는 구조로 하여야 한다.

⑬ 1m 떨어진 위치에서 측정한 연속음이 소음수준(레벨)이 가능한 한 85DB 이하가 되어야 한다.

제19조(유압장치) ① 주위의 온도가 40℃ 이하인 경우, 가능한 한 유압유의 온도가 65℃를 넘지 않는 회로 및 구조로 하여야 하며, 65℃를 넘는 것에는 유압장치에 덮개를 설치하여야 한다.

② 유압유가 누설될 우려가 없는 구조로 하여야 한다.

③ 유압유를 다량으로 사용하는 개방형의 유압장치는 인화 또는 폭발의 우려가 없는 구조로 하고 또한 근로자가 보기 쉬운 곳에 취급상의 주의사항이 표시되어 있어야 한다.

④ 유압장치에는 안전밸브를 설치하여야 한다. 단, 가변토출펌프를 사용하는 유압장치에 대하

유공압 제어4 [유지보수]

여는 그러하지 아니하다.
⑤ 유압배관, 유압실린더 등은 공기빼기를 쉽게 할 수 있는 구조로 하여야 한다.
⑥ 급유구는 유압유를 쉽게 공급할 수 있는 위치에 설치하고 또한 급유구 가까이에는 사용하는 유압유의 종류를 표시하여야 한다.
⑦ 호스 어셈블리에는 정격압력이 표시되어 있어야 한다.

제20조(공기압장치) 공기압장치에는 가능한 한 소음기를 설치하여야 한다.

제21조(안전 방호물) ① 덮개 같이 위험점에 접근하거나 위험구역내의 진입을 방지하기 위한 안전 방호물(이하 안전 방호물"이라 한다.)의 구조 및 기능은 다음에 따른다.
1. 안전 방호물은 작업 중에 발생하는 힘이나 환경조건에 충분히 견딜 만큼 완강하고, 쉽게 조정하거나 철거할 수 없는 구조로 하여야 한다.
2. 안전 방호물에는 톱니모양 또는 예리한 모서리. 돌기 등 위험부분을 가져서는 안 된다. 또한, 안전방 호물은 가능한 한 삽입부나 전단부를 갖고 있지 않아야 한다.
3. 안전 방호물은 원칙적으로 고정식으로 하여야 한다.
4. 안전 방호물을 통해서 공작물을 출입시킬 필요가 있을 경우에는, 안전 방호물에 출입부를 설치한다. 출입부와 위험점 사이는 안전 방호상 필요한 충분한 거리로 하고, 공직물과 출입부 사이에는 말려들 위험이 없도록 그 치수에 주의하여야 한다. 경우에 따라서는 출입부의 위치와 크기를 조절할 수 있는 방식으로 한다.
5. 작업의 성질상 위험점에 접근하거나, 위험 지역내에 진입할 필요가 있을 경우에는 가능한 한 안전 방호물을 여는 것과 기계의 정지와 연동시켜야 한다.
6. 관성에 의한 운동시간이 긴 기계에 있어서의, 안전방호는 위의 연동장치로서 운동 장치를 확인할 때까지나 예상되는 관성운동기간 중이거나 또는 안전 방호물을 열거나 동력을 끊음으로써 브레이크가 작동하여 가능한 한 관성운동을 빨리 정지시키는 등의 기능을 갖도록 하여야 한다.
7. 제5항의 경우에는 안전 방호물을 설치하는 것이 적당하지 않을 경우에는 잡아끌거나, 누르거나, 만지거나, 또는 광선을 차단하는 등의 동작에 따라서 동력이 끊어지는 기능을 갖는 장치를 가능한 한 구비하여야 한다.

제22조(유공압기계의 주위 공간) 공유압기계의 주위공간은 다음에 따른다.
① 공유압기계의 주위에는 다음과 같은 작업공간을 확보하여야 한다. 다만, 이 작업 공간에는 공구함, 로커 등을 놓기 위한 공간은 포함하지 않는다. 또한 로더, 언로더 등은 유공압기계의 일부로 간주한다.
1. 작업을 하기 위하여 필요한 공간
2. 정비, 점검, 조정, 청소 등을 위한 필요한 공간
② 위의 작업공간은 소재의 보관이나 차량의 통로로서 사용해서는 아니 된다.
③ 위의 작업공간은 미끄러지기 쉬운 상태로 해두어서는 아니 된다.
④ 작업의 필요상 피트를 설치할 경우에는 전락을 방지하기 위한 조치를 강구하여야 한다.
⑤ 복수의 공유압기계 또는 복수의 작업자에 대하여 공통의 작업공간을 설치할 경우에도 위의

각항에 따른다.
제23조(표시) 유공압기계에는 보기 쉬운 곳에 다음 사항이 표시되어야 한다.
① 제조자 명
② 제조연월
③ 정격전압 및 정격주파수
④ 모터 회전속도 및 회전방향
⑤ 중량
⑥ 기타 필요한 사항
제24조(취급설명서) 유공압기계의 취급설명서 등에는 다음 사항이 기재되어 있어야 한다.
① 유공압기계 사용상의 유의사항
② 안전장치의 종류, 성능 및 사용상의 유의사항
③ 안전하게 운반하기 위한 조치의 개요
④ 설치, 조작, 조정 등의 작업 및 정비작업을 안전하게 하기 위해 필요한 작업절차 및 작업면적
⑤ 소음레벨
⑥ 관계법령 기타 필요한 사항
제25조(재검토기한 3년)
「훈령·예규 등의 발령 및 관리에 관한 규정」(대통령훈령 제248호)에 따라 법령이나 현실여건의 변화 등을 검토하여 폐지 또는 개정한다.

유공압 제어4 [유지보수]

학습 정리

1. 유압 유지보수
- 유압 펌프
  유압형성 시켜 사용하는 기본 원리이다.
  1) 압력을 가진 유체는 항상 가장 저항이 작은 쪽으로 흐른다.
  2) 펌프는 압력을 만들어 내는 것이 아니라 유체의 흐름을 형성하는 장치다.
  3) 압력은 저항이 있는 곳에만 형성된다.
- 유압탱크 기능 설명
  1) 열 발산, 기름방울 제거, 오염 물질의 침전, 응축수의 제거, 펌프, 구동 모터 등 유압 부품의 설치 공간 제공, 펌프의 토출량
- 유압기기 이상발생시 유지 보수 방안
- 유압기기 보수관리 점검 요령

2. 공압 유지보수
- 압축기 종류 및 기능 설명
- 압축기 선정
- 압축공기 분배 요령
  배관경의 선택시 고려 사항들:유량, 배관의 길이,허용 가능한 압력 강하, 압력, 배관내의 저항 효과를 주는 부속 요소의 양
- 공압 액투에이터 종류

3. 공압실린더 선정 및 점검
- 공압 실린더 직경 선정
  $D = 4.86 \sqrt[2]{Fs}$
  여기에서 D : 실린더의 직경(mm)
  　　　　　Fs : 실린더가 낼 수 있는 정 하중(Kgf)
- 공압 실린더 점검 및 수리
  실린더 상태에 따른 트러블 외적 판단, 트러블 슈팅, 소형 실린더 패킹 교환, 일반 실린더 패킹 교환요령, 에어 필터 점검 사항 등을 항목별로 정리한다.
- 윤활장치의 트러블 대책 요령
- 공압3점 세트 오일러 고장 진단

학습 정리

4. 공압 시스템의 유지보수
- 오동작 및 고장 및 오동작을 잘 정리하여 공압 시스템에서 에어 누수 부위 원인 찾기.
- 공압 실린더, 공압 타이머 밸브 고장 원인 정리
- 공압 시스템 정기점검, 배관에서 압력손실, 공압 클램핑 안전, 환경 오염등 정리.

유공압 제어4 [유지보수]

종합 평가

평가문항 1 유압 탱크 안의 작동유를 오염 방지법를 하나만 기술하세요.

(답) 유압 탱크 안의 작동유는 펌프 토출, 정지시마다 유면상승과 하강을 반복하고 있다. 사람으로 말하면 숨을 쉬는 것이나 마찬가지이므로 그때마다 공기가 흡입. 배출되어 주변의 먼지도 흡입된다. 유압의 고장의 절반정도는 작동유의 오염에 따른 것이라고 한다. 공기 유입구에는 모두 필터나 실(seal)을 설치해야한다. 이렇게 철저히 관리하므로써 기름의 오염을 방지한다.

평가문항 2 유압시스템의 주의사항을 아는 대로 서술하세요?

(답)
1) 공급 압력을 확인할 것 (무부하상태일 때 압력 조정방법).
2) 배관 시 각 포트의 기호를 확인할 것.
3) 체크밸브 내장형 호스는 사용하지 말 것.
4) 포트에 배관연결이 잘 되지 않는 경우 압력이 채워져 있는 상태임.
5) 분배기 등을 제외하고 모든 포트에 호스가 배관되어 있어야 함.
6) 압력계 부착형 분배기 등을 적절하게 사용하여야 함.
7) 기호 상의 포트 기호와 실제 포트 기호가 다른 경우가 많이 있음.
8) 방향제어밸브의 제어위치 좌우가 바뀌어져 있는 밸브가 있음(배관에 주의).
9) 일방향유량제어밸브와 압력보상형 유량제어밸브를 혼동하지 말 것.
10) 압력 릴리프 밸브와 감압밸브를 혼동하지 날 것.

평가문항 3 공압시스템에서 점검 항목을 아는 대로 기술 하세요?

(답)
1) 공급 압력을 확인할 것.
2) 배관 시 각 포트의 기호를 확인할 것.
3) 솔레노이드 밸브는 일반적으로 신호를 주는 쪽 포트에서 공기가 나옴.
4) 양 솔레노이드 밸브 사용시 압축공기를 공급했을 때 실린더가 전진운동하면 솔레노이드 밸브의 수동조작으로 실린더를 원위치 시킬 것.
5) 편 솔레노이드 밸브 사용시 압축공기를 공급했을 때 실린더가 전진운동하면 배관이 바뀐 것임.
6) 속도조절 밸브의 체크밸브 방향 확인할 것.
7) OR밸브와 급속배기밸브를 혼동하지 말 것.

평가문항 4 유압기기 결함에 의한 오동작이나 정지 등의 문제가 발생한 경우 이의 원인을 찾아내는 순서를 아는 대로 기술 하세요?

(답)
(1) 점검순서

 점검 할 때 작성한 조사 계통도에 의거하여 철저히 밝혀 낸 몇 개의 대 항목을 먼저 조사하는 것이 중요하다. 이것은, 발생한 결함이 무엇에 기인하고 있는지를 빨리 찾아내는 의미에서 중요하다. 이어서 요인이 된 대 항목에 연결되는 중 항목을 조사하고, 다시 소 항목으로 조사를 진행해 간다. 이 방법에 의거해서 원인을 조사해 가는 것이, 결함 원인을 규명하는 지름길이다.
 또한, 같은 레벨의 항목을 조사하는 데 있어서는, 점검이 용이한 것, 가까이 있어서 손을 대기 쉬운 것부터 점검한다. 분해하거나 조작 점검이 곤란한 것은 뒤로 돌린다.

(2) 시각(視覺)에 의한 점검
- 유면(油面) - 기름 탱크의 유압유 양은 적정한가?
- 유온(油溫) - 규정 온도가 유지되는가?
- 압력   - 규정 압력으로 조정 되어 있는가?
- 작동유 - 백탁(白濁)해 있지 않은가?
- 필터의 막힘 현상은 없는지, 인디케이터를 확인한다.
- 파이프 클램프에 이완이 생기지 않았는가?
- 유량계가 붙어 있는 경우 유량을 확인한다.
- 어큐뮬레이터의 경우 질소 가스압을 확인한다.

(3) 촉각(觸覺)에 의한 점검

 기기를 만져보는 것에 의해서, 기름의 누설이나 기기의 이상을 용이하게 확인할 수 있다. 예를 들면, 압력 릴리프 밸브나 바이패스 체크 밸브의 탱크에의 귀환 배관에 대 보는 것에 의해, 배관이 뜨겁게 되어 있으면 기름이 그곳에서 새고 있는 것을 알 수 있다.

문제 발견 후의 처치

 원인이 판명된 시점에서, 미 점검의 조사 항목은 생략해도 좋지만, 필터의 막힘 현상처럼 시간이 경과함에 따라서 변화를 나타내는 것은 함께 점검해 두는 편이 좋다.

평가문항 5 공압 기기 결함에 의한 오동작이나 정지 등의 문제가 발생한 경우 이의 원인을 찾아내는 순서를 아는 대로 기술 하세요?

(답) 일반적으로 초기 고장이 배제된 경우, 공압 시스템은 고장없이 일정시간은 잘 동작하게 된다. 초기에 약간의 마모가 있는 상태라고 마모의 효과나 결함이 그 부품에 직접적으로 영향을 미치지 않는 경우에는 발견하기 쉽지 않다. 때문에 아주 복잡한 제어 시스템도 여러가지 자료의 도움을 받아 작은 부분으로 작게 쪼개어 상세히 분석하는 것이 필요하다. 작업자는 고장을 즉시 제거할 수 있어야 하고 적어도 이렇나 원인을 밝혀 두어서 다음에 대비하여야 한다.

유공압 제어4 [유지보수]

(1) 유량 부족으로 인한 고장

공급유량이 부족한 상황에서의 공압 시스템의 다면이 갑자기 커지면 오동작이 야기된다. 이러한 오동작은 계속적으로 일어나는 것이 아니고 산발적으로 일어나기 때문에 고장의 원인을 파악하는데 큰 어려움이 있다.

이러한 상황이 발생되면 갑작스런 압력강하로 실린더는 충분한 추력을 발생시킬 수 없을 뿐만 아니라 밸브의 오동작으로 작동 시퀀스가 틀려질 수도 있다. 이러한 현상은 배관 내의 이물질 축적이나 공기의 누설로도 발생할 수 있다.

(2) 수분으로 인한 고장

수분으로 인한 부식작용으로 손상을 입는 것을 제외하고도 밸브에 있어서 상당한 악영향을 미친다.

즉, 밸브가 임의의 제어 위치에서 상당히 오랜 시간 머물러 있는 경우에는 고착을 일으켜 제대로 동작이 일어나지 못하도록 한다. 특히 윤활유와 섞여서 에멀션(emulsion) 상태가 되거나 수지(resination) 상태가 되어 밸브의 동작을 가로막기 때문에 주의하여야 한다.

(3) 이물질로 인한 고장

배관의 연결 작업이나 용접 작업시 발생되는 이물질들이 밀봉 테이프, 용접 비드, 파이프의 녹 등 공압 시스템으로 유입되면 다음과 같은 고장을 불러 일으킨다.
① 슬라이드 밸브의 고착
② 포펫 밸브의 시트부에 융착되어 누설 야기
③ 유량제어 밸브에 융착되어 속도 제어를 방해

평가문항 6 윤활관리의 4원칙 쓰고 설명하세요?

(답) 윤활관리의 기본적인 4원칙은 적유, 적법, 적량, 적기이다.

즉, 기계가 필요로 하는 적정 윤활제를 선정하여 적합한 급유방법을 결정한 후 적정량을 적정 간격으로 적당한 시기에 공급하여 줌으로써 기계 설비의 성능과 정밀도를 유지하도록 함을 원칙으로 한다.

평가문항 7 공압 실린더의 일반적인 점검사항을 5가지 이상 적어세요?

(답)
- 실린더 설치볼트 및 너트에 느슨함이 없는가.
- 실린더 설치 프레임의 느슨함 또는 비정상적인 휘어짐.
- 타이로드, 볼트류의 느슨함이나 흔들림이 없는가.
- 로드에 타혼이나 접동 상처가 없는가.
- 작동상태가 원할한가, 최저작동압력이 상승하고 있지 않은가.
- 피스톤 속도나 사이클 타임에 변화가 없는가.
- 동작단에서 충격이 발생하고 있지 않은가. 이상 음이 발생하고 있지 않은가.
- 외부 누설이 발생하고 있지 않은가. 특히 로드 패킹부에 주의.

- 스트로크에 이상이 없는가. 정해진 스트로크 동작을 하고 있는가.
- 오토스위치의 동작, 체결의 느슨함, 위치가 어긋나 있지 않은가.

평가문항 8 공압 실린더의 일반적인 분해 순서를 적어세요?

(답)

① 외관 청소
 분해 시 먼지나 이물질이 실린더 내에 침입하지 않도록 외관의 이물질을 닦는다.
 특히 피스톤 로드 표면에는 주의를 기울인다.
② 스냅링 분리
 적절한 플라이어를 사용해 스냅링을 분리 한다.
③ 헤드 커버의 분리
 피스톤 로드를 헤드측으로 누르고, 몸체로부터 헤드 커버를 분리 한다.
④ 분해
 피스톤 로드를 빼냅니다. 그 때, 몸체 내경에 상처가 나지 않도록 주의 한다.

평가문항 9 루브리게이터 공기가 흐르고 있는데 윤활되지 않을 때 원인을 기술하세요?

(답)

1) 기기가 똑바로 접속되어 있지 않다.
2) 케이스 안의 기름이 없어지고 있다.
3) 에어 소비유량이 부족하다.
4) 댐퍼가 파손되어 있다.
5) 유량 조절 밸브가 닫혀 있다.
6) 케이스부 또는 급유 플러그에서 에어가 샌다.
7) 엘리먼트가 눈막힘되어 있다.
8) 윤활기 창부에서 에어가 새고 있다.

평가문항 10 윤활유 열화 방지대책을 기술하세요?

(답)

1) 사용 조건에 적합한 점도와 성능을 가진 윤활유를 선정한다.
2) 과다한 급유와 윤활제와 공기 접촉을 피한다.
3) 정기적인 유분석으로 오염 정도 확인 및 정유한다.
4) 가동 중 윤활유의 온도가 높아지지 않는지 일상 점검한다.
5) 급유 계통을 연간 1회 세척해야 하며, 급유 용기는 깨끗이 관리한다.
6) 설비에 맞는 급유 기구 및 장치를 사용하고, 급유 상태를 점검한다.
7) 다른 기종의 기름의 혼합사용을 금한다.
8) 교환할 때에는 기존 윤활유를 깨끗이 제거한 후 신유를 급유 한다.

유공압 제어4 [유지보수]

평가문항 11 공압 3점 세트 기본 윤활의 양 조정 및 검사 방법은 ?

(답)
(1) 기본 윤활의 양 조정 법
   1drop/min 또는 0.5~5drops/1,000리터
(2) 윤활의 양 검사 방법
   공압 배관에서 에어 건을 연결해서 10cm 거리에 흰색 카드 설치 후
   약 10초 분사하였을 때 카드의 색이 노란색으로 변색하지 않아야 함.

평가문항 12 유공압기기를 수리 조립 후 체크할 내용을 기술 하세요 ?

(답)
1) 주위 온도가 적당한가? (5℃ ~ 40℃)
2) 각부 장치의 유량은 적절한가?
   작동유 Tank
   윤활급유 Unit
3) 동력선 및 Earth Line의 배선 사이즈는 적절한가?
4) 각부에서 기름누출은 없는가?
5) Pump 운전소리에 이상이 없는가?
6) Filter의 물고임 상태에 이상이 없는가?
7) 각부로부터 공기누출은 없는가?

평가문항 13 유압 단동 실린더, 유압 유니트와 연결된 회로를 그리고 설명하세요 ?

(답)

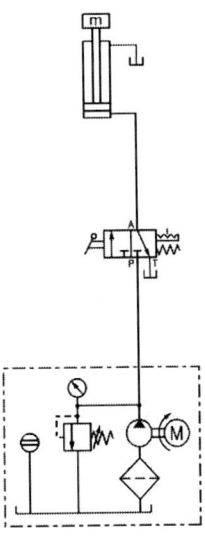

단동 실린더는 3/2 방향제어 밸브를 작동시키면, 유압유가 실린더에 공급되어 실린더는 전진 운동을 하게 된다. 이때 물론 유압 시스템의 릴리프 밸브 압력은 실린더에 작용하는 부하와 배관 저항의 합보다는 커야만 한다.

3/2 방향제어 밸브를 원 위치시키면 피스톤 쪽에 공급되었던 유압유가 저장 탱크로 복귀 될 수 있어 외력이나 내장된 스프링에 의하여 후진 운동이 가능하게 된다.

평가문항 14 ISO 규정에는 문자로 표시되는 ISO-1219규정과 숫자로 표시되는 ISO-5599/Ⅱ 규정의 두 가지가 있으며 유압과 공압에서 모두 공통적으로 사용된다. 밸브의 연결구 표시 방법을 표로 그리세요 ?

(답)

구분	ISO-5599/Ⅱ 규정	ISO-1219규정
작업라인	2. 4.....	A. B....
공급라인	1	P
배출구	3. 5, 6	R,S,T
제어라인	10,12,14....	X,Y,Z....

평가문항 15 공압 실린더로 50 kgf의 무게를 가진 물체를 위로 들어 올리려고 한다. 6kgf/cm²의 압력을 이용할 때 적당한 실린더의 직경은 얼마인가?

(답) : 움직일 때 필요한 동 하중이 50 kgf이다. 움직일 때 이만한 크기의 힘을 내려면 이 힘의 2 배인 100 kgf의 정 하중을 낼 수 있는 실린더가 필요하다.

$D = 4.86 \sqrt[2]{Fs} = 4.86 \sqrt[2]{100}$ =48.6mm

그러므로 50 mm의 직경을 가진 실린더가 필요하다.

유공압 제어4 [유지보수]

참고자료 및 사이트

1. 유공압 장치조립 국가직무능력표준 한국산업인력공단
2. 동명산업기계(주) 보수관리 및 점검요령
3. SMC 메인터넌스 한국 SMC 공압(주)
4. 유공압 장치조립 국가직무능력표준설계관련 정보 수집 및 분석
5. 공압응용기술 성안당 저자 Werner Deppert/Kurt Stoll
6. 사이트 : 국가직무능력표준(www.ncs.go.kr)

■ 집필위원
　김학위

■ 검토위원
　김영주
　신흥열

기계소프트웨어설계
유공압 제어4

초판 인쇄 2016년 07월 08일
초판 발행 2016년 07월 18일
저자 고용노동부 · 한국산업인력공단
발행인 김갑용
발행처 진한엠앤비
주소 서울시 서대문구 독립문로 14길 66 205호
　　　(냉천동 260, 동부센트레빌아파트상가동)
전화 02) 364 - 8491(대) / 팩스 02) 319 - 3537
홈페이지주소 http://www.jinhanbook.co.kr
등록번호 제25100-2016-000019호 (등록일자 : 1993년 05월 25일)
ⓒ2016 jinhan M&B INC, Printed in Korea

ISBN 979-11-7009-783-9　(93550)　　　[정가 11,000원]

☞ 이 책에 담긴 내용의 무단 전재 및 복제 행위를 금합니다.
☞ 잘못 만들어진 책자는 구입처에서 교환해드립니다.
☞ 본 도서는 [공공데이터 제공 및 이용 활성화에 관한 법률]을 근거로
　 출판되었습니다.